辽宁省能源装备智能制造高水平特色专业群建设成果系列教材编写人员

主　　　编　　王　辉

副　主　编　　段艳超　孙　伟　尤建祥

其他编写人员　孙宏伟　李树波　魏孔鹏　张洪雷

　　　　　　　张　慧　黄清学　张忠哲　高　建

　　　　　　　李正任　陈　军　李金良　刘　馥

高职高专"十三五"规划教材

辽宁省能源装备智能制造高水平特色专业群建设成果系列教材

王 辉 主编

机电一体化技术

王 辉　王 晗　于文强　主编

化学工业出版社

·北京·

内 容 提 要

《机电一体化技术》从工程实际应用角度出发，系统地对机电一体化系统设计、安装与调试中所涉及的 PLC、传感器、伺服驱动、现场总线及工业组态等相关技术的应用进行认知性介绍。书中内容采用项目、任务的形式编排，与实际工作紧密结合。每个项目配套大量习题，便于学生对照练习检查学习效果。

本书可以作为高职高专及中职院校的机械、电气、信息类等相关专业的教师和学生的教材和参考书，也可以作为相关科技人员、工程技术人员的学习和参考资料。

图书在版编目（CIP）数据

机电一体化技术/王辉，王晗，于文强主编. —北京：化学工业出版社，2020.8（2024.9重印）
高职高专"十三五"规划教材　辽宁省能源装备智能制造高水平特色专业群建设成果系列教材
ISBN 978-7-122-37168-3

Ⅰ.①机… Ⅱ.①王… ②王… ③于… Ⅲ.①机电一体化-高等职业教育-教材 Ⅳ.①TH-39

中国版本图书馆 CIP 数据核字（2020）第 094828 号

责任编辑：韩庆利　葛瑞祎　满悦芝　　　　　　　装帧设计：张　辉
责任校对：王鹏飞

出版发行：化学工业出版社（北京市东城区青年湖南街 13 号　邮政编码 100011）
印　　装：河北延风印务有限公司
787mm×1092mm　1/16　印张 8¾　字数 211 千字　2024 年 9 月北京第 1 版第 5 次印刷

购书咨询：010-64518888　　　　　　　　　　　　售后服务：010-64518899
网　　址：http://www.cip.com.cn
凡购买本书，如有缺损质量问题，本社销售中心负责调换。

定　价：29.00元　　　　　　　　　　　　　　　　　　　　　　版权所有　违者必究

前言

  机电一体化是微电子技术向机械工业渗透过程中逐渐形成并发展起来的一门新兴的综合性技术学科，正日益得到普遍重视和广泛应用。机电一体化技术几乎涉及社会的各个方面，它的产品包括数控机床、自动化生产线、工业机器人、汽车电子化产品、航空航天器、自动仓库、自动化办公设备（如打印机、复印机、扫描仪）、医疗产品（如核磁共振扫描仪）、家用产品（如数码相机、自动洗衣机）等，与传统机电产品相比，它具有小型化、多功能、高精度、高可靠性、柔性化、智能化等特点。

  本书以德国 AHK 机电一体化考核实训系统为载体，以机电一体化共性关键技术为基础，围绕各种技术的实际应用编写知识框架，可使读者了解和熟悉机电一体化的基本概念、关键技术、设计方法以及机电一体化技术发展，特别是对机电一体化系统设计、安装与调试中所涉及的关键技术，如 PLC、传感器技术、变频器技术、气动技术、现场总线及工业组态技术等的实际应用进行了系统介绍，为后续专业课打下理论基础。

  本书可以作为高职高专及中职院校的机械、电气、信息类等相关专业的教师和学生的教材和参考书，也可以作为相关科技人员、工程技术人员的学习和参考资料。

  本书由盘锦职业技术学院王辉、盘锦高级技工学校王晗、盘锦职业技术学院于文强担任主编，盘锦职业技术学院陈金阳、王敏也参与了编写工作。此外，在编写过程中，本书还得到了辽宁省信息技术职业教育集团的大力支持，在此表示真诚的谢意。

  由于编者水平有限，书中难免有不当之处，恳请广大读者批评指正。

编　者

2020 年 6 月

目 录

项目1　机电一体化认知

任务 1.1　了解机电一体化基本概念 ·· 1
  1.1.1　任务目标 ·· 1
  1.1.2　知识技术准备 ·· 2
    1.1.2.1　机电一体化定义 ·· 2
    1.1.2.2　机电一体化系统的组成与功能 ·· 2
    1.1.2.3　机电一体化系统设计方法 ·· 4
    1.1.2.4　机电一体化发展方向 ·· 6
  1.1.3　任务实施 ·· 9

任务 1.2　初识机电一体化系统 ·· 10
  1.2.1　任务目标 ·· 10
  1.2.2　知识技术准备 ·· 11
    1.2.2.1　机械技术 ·· 11
    1.2.2.2　自动控制技术 ·· 11
    1.2.2.3　控制及计算机信息处理技术 ·· 14
    1.2.2.4　传感器与检测技术 ·· 17
    1.2.2.5　驱动技术 ·· 18
    1.2.2.6　系统总体技术 ·· 20
  1.2.3　任务实施 ·· 21

习题 ·· 25

项目2　机电一体化关键技术的应用认知

任务 2.1　机械技术在机电一体化系统中的应用认知 ·· 29
  2.1.1　任务目标 ·· 29
  2.1.2　知识技术准备 ·· 30
    2.1.2.1　机械传动机构 ·· 31
    2.1.2.2　机械导向机构 ·· 39
    2.1.2.3　机械支承机构 ·· 43
    2.1.2.4　机械执行机构 ·· 48
  2.1.3　任务实施 ·· 53

		2.1.3.1 滚动导轨应用案例的认知 ……………………………………………… 53
		2.1.3.2 滚珠丝杠副应用案例的认知 …………………………………………… 54
		2.1.3.3 轴承应用案例的认知 …………………………………………………… 55
		2.1.3.4 自动供料机构的认知 …………………………………………………… 56

任务 2.2　PLC 在机电一体化系统中的应用认知 …………………………………………… 57
　2.2.1　任务目标 …………………………………………………………………………… 57
　2.2.2　知识技术准备 ……………………………………………………………………… 58
　　2.2.2.1　PLC 的产生 …………………………………………………………………… 58
　　2.2.2.2　PLC 基本组成 ………………………………………………………………… 62
　　2.2.2.3　PLC 工作原理 ………………………………………………………………… 64
　　2.2.2.4　电气控制与 PLC 技术 ………………………………………………………… 65
　　2.2.2.5　PLC 程序设计语言 …………………………………………………………… 67
　2.2.3　任务实施 …………………………………………………………………………… 69
　　2.2.3.1　PLC 基本结构与使用认知 …………………………………………………… 69
　　2.2.3.2　PLC 应用编程实例认知 ……………………………………………………… 72
　　2.2.3.3　PLC 网络通信的应用认知 …………………………………………………… 75

任务 2.3　传感器在机电一体化系统中的应用认知 ………………………………………… 80
　2.3.1　任务目标 …………………………………………………………………………… 80
　2.3.2　知识技术准备 ……………………………………………………………………… 81
　　2.3.2.1　传感器的定义及组成 ………………………………………………………… 81
　　2.3.2.2　接近传感器 …………………………………………………………………… 82
　　2.3.2.3　温度传感器 …………………………………………………………………… 83
　　2.3.2.4　位移传感器 …………………………………………………………………… 84
　　2.3.2.5　速度与加速度传感器 ………………………………………………………… 86
　　2.3.2.6　力、压力和扭矩传感器 ……………………………………………………… 87
　　2.3.2.7　视觉、触觉及味觉等感知传感器 …………………………………………… 87
　2.3.3　任务实施 …………………………………………………………………………… 88
　　2.3.3.1　磁性开关的应用认知 ………………………………………………………… 88
　　2.3.3.2　光电传感器的应用认知 ……………………………………………………… 89
　　2.3.3.3　光纤式光电传感器的应用认知 ……………………………………………… 90
　　2.3.3.4　电感式接近开关的应用认知 ………………………………………………… 91
　　2.3.3.5　电容式接近开关的应用认知 ………………………………………………… 91
　　2.3.3.6　光电编码器的应用认知 ……………………………………………………… 92
　　2.3.3.7　温度传感器及其变送器的应用认知 ………………………………………… 93
　　2.3.3.8　压力传感器及其变送器的应用认知 ………………………………………… 94

任务 2.4　电气驱动技术在机电一体化系统中的应用认知 ………………………………… 94
　2.4.1　任务目标 …………………………………………………………………………… 94
　2.4.2　知识技术准备 ……………………………………………………………………… 95
　　2.4.2.1　步进电动机及其驱动技术的认知 …………………………………………… 95
　　2.4.2.2　伺服电动机及其驱动技术的认知 …………………………………………… 96
　　2.4.2.3　三相异步电动机及其驱动技术的认知 ……………………………………… 97
　2.4.3　任务实施 …………………………………………………………………………… 100
　　2.4.3.1　变频器结构的认知 …………………………………………………………… 100
　　2.4.3.2　变频器调速应用案例的认知 ………………………………………………… 102

任务2.5　气动技术在机电一体化系统中的应用认知 ………………………………… 105
　2.5.1　任务目标 ………………………………………………………………… 105
　2.5.2　知识技术准备 …………………………………………………………… 105
　　2.5.2.1　气压传动工作原理及系统组成 ……………………………………… 105
　　2.5.2.2　气动执行元件 ………………………………………………………… 107
　　2.5.2.3　气动控制元件 ………………………………………………………… 108
　　2.5.2.4　气动系统中的基本控制回路 ………………………………………… 111
　2.5.3　任务实施 ………………………………………………………………… 113
　　2.5.3.1　气泵的认知 …………………………………………………………… 113
　　2.5.3.2　气动执行元件的认知 ………………………………………………… 113
　　2.5.3.3　气动控制元件的认知 ………………………………………………… 115

任务2.6　人机界面在机电一体化系统中的应用认知 ……………………………… 116
　2.6.1　任务目标 ………………………………………………………………… 116
　2.6.2　知识技术准备 …………………………………………………………… 117
　　2.6.2.1　工业组态软件 ………………………………………………………… 117
　　2.6.2.2　人机界面（HMI） …………………………………………………… 119
　2.6.3　任务实施 ………………………………………………………………… 120
　　2.6.3.1　人机界面的总体认知 ………………………………………………… 120
　　2.6.3.2　人机界面的工程案例认知 …………………………………………… 120

习题 ……………………………………………………………………………………… 125

参考文献 …………………………………………………………………………… 132

项目1　机电一体化认知

【项目描述】　以德国AHK机电一体化考核实训系统为载体，通过对机电一体化的基本概念、关键技术、设计方法以及机电一体化技术发展方向的介绍，完成对机电一体化系统的整体认知。

任务1.1　了解机电一体化基本概念

1.1.1　任务目标

（1）掌握机电一体化的定义和系统组成。
（2）熟悉常用机电一体化系统的设计方法。
（3）了解机电一体化技术的发展方向。

【任务导入】

机电一体化系统一般由机械本体、控制与信息处理、检测传感、执行机构、动力与驱动等五个部分组成，人体是由大脑、感官（眼、耳、鼻、舌、皮肤）、手脚、内脏及骨骼等五大部分组成，它与人体结构相类似，试比较说明各部分功能及作用，给出机电一体化系统的定义，尝试探讨其未来的发展方向，并在下面列出。

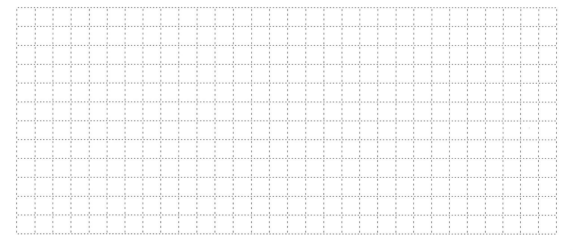

1.1.2 知识技术准备

1.1.2.1 机电一体化定义

机电一体化（Mechatronics）是微电子技术向机械工业渗透过程中逐渐形成的一个概念，在20世纪70年代被提出来的，它取自Mechanics（机械学）的前半部和Electronics（电子学）的后半部，意思是机械学和电子学两个学科的有机结合，但是机电一体化并不是机械技术和微电子技术的简单叠加，而是多种相关技术融合的一种新形式，如图1-1所示。

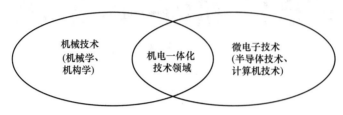

图1-1 机电一体化的含义

机械技术是工科的基础学科之一，它为人类社会的进步与发展做出了卓越贡献。直到今天，机械仍然是现代工业的基础，但与其他新兴学科相比，其发展速度越来越缓慢，有些问题很难单纯从机械角度进行解决。随着科学技术的发展，微电子技术、信息技术、自动化技术、生物技术、新材料、新能源、空间技术、光纤通信、纳米技术等一系列高新技术发展迅速，极大地推动了机电一体化技术的发展。到目前为止，被人们所接受的"机电一体化"的含义是由日本机械振兴协会经济研究所提出的：机电一体化是在机械主功能、动力功能、信息功能和控制功能上引进微电子技术，并将机械装置与电子装置用相关软件有机结合而构成系统的总称。机电一体化是将机械技术、微电子技术、信息技术、自动控制技术等多门技术在系统工程的基础上相互渗透、有机结合而形成和发展起来的一门新兴的交叉学科。

1.1.2.2 机电一体化系统的组成与功能

机电一体化系统一般由机械本体、动力部分、检测传感部分、执行机构、控制器五个部分组成，各部分之间通过接口（包含机械传动接口和电气通信接口等）集成一个完整的系统，如图1-2（a）所示。通过比较发现，它与人体结构相类似，人体结构如图1-2（b）所示，机械本体相当于人体的骨骼，控制器相当于人体的大脑，执行机构相当于人体的手脚，检测传感部分相当于人体的感官，动力部分相当于人体的内脏，此外，接口部分相当于人体的神经系统，对应关系如图1-2（c）所示。表1-1给出了机电一体化系统与人体构成要素的对应关系及功能。

表1-1 机电一体化系统与人体构成要素的对应关系及功能

机电一体化系统	功能	人体
控制器（计算机等）	控制（信息储存、处理、传送）	头脑
检测传感部分	检测（信息收集与处理）	感观
执行机构	驱动（操作）	四肢
动力部分（能源或动力源）	提供动力（能量）	内脏
机械本体	支撑与连接	躯干

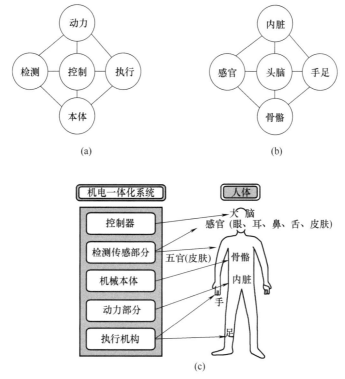

图 1-2 机电一体化系统与人体对应部分的构成及关系

由此可见，机电一体化系统五个主要组成部分的功能与人体的功能几乎是一样的，各部分主要功能介绍如下。

(1) 机械本体

机械本体是机电一体化系统的基本支撑体，它主要包括机身、框架、机械连接、机械传动等，它用于支撑和连接其他功能单元部分，并把这些部分合理地结合起来，形成有机的整体。机电一体化系统技术性能、水平和功能的提高，要求机械本体在机械结构、材料、加工工艺以及几何尺寸等方面能适应机电一体化系统多功能、高可靠性、节能、小型、轻量、美观等要求。

(2) 动力部分

动力部分是机电一体化产品能量供应部分，按照系统控制要求，为系统提供能量和动力（包含电能、气能和液压能），按照系统控制要求向机械系统提供能量和动力使系统正常运行。同时，系统还要求用尽可能小的输入获得尽可能大的功率输出，工作效率高，反应速度快，对环境适应性强、可靠性高。

(3) 检测传感部分

检测传感部分是利用各种类型的传感器对系统运行中所需要的本身和外界环境的各种参数及状态进行检测，如力、位移、速度、加速度、温度、流量、压力、pH、离子活度、酶、微生物等，将其转换为可识别的信号，通过相应的信号检测装置将其反馈给控制与信息处理装置，经分析处理后产生控制信息。因此，检测传感部分是实现自动控制的关键环节。

(4) 执行机构

执行机构是运动部件在控制信息的作用下完成要求的动作，通常采用电力驱动、气压驱动和液压驱动等三种方式，采用机械、液压、气动、电气以及机电相结合的机构，根据机电一体化系统的匹配性要求改善性能，如提高刚性，减轻重量，实现模块化、标准化和系列化，提高系统可靠性。

(5) 控制器

控制器即控制与信息单元，是机电一体化系统的核心单元，是给机械本体部分注入思想，负责把来自各传感器的检测信号转化成可以控制的信号，并和外部输入命令一起进行集中存储、计算分析、加工等信息处理，根据信息处理结果，按照一定的程度和节奏发出相应的控制指令，控制整个系统有目的地运行。信息处理是否正确及时，将直接影响到系统工作的质量和效率。控制与信息单元一般可由工业计算机、可编程控制器（Programmable Logic Controller，PLC）、分散控制系统（Distributed Control System，DCS）、单片机、数控装置、I/O（输入/输出）接口及相关外部设备等组成，它能提高信息处理的速度、抗干扰能力和可靠性，并完善系统的自诊断功能，实现信息处理的智能化、小型化、轻量化和标准化。

此外，机电一体化系统接口部分可解决以上各功能模块部分间的信号匹配问题，在分析研究各功能模块输入/输出关系的基础上，计算制定出各功能模块相互连接时所必须共同遵守的电气和机械的规范和参数约定，使其在具体实现时能够"直接"相连。最终，使得各要素或子系统连接成为一个有机整体，使得各个功能部分有目的协调一致运动，从而形成机电一体化的系统工程。

机电一体化技术几乎涉及社会的各个方面，它的产品包括数控机床、自动化生产线、工业机器人、汽车电子化产品、航空航天器、自动仓库、自动化办公设备（如打印机、复印机、扫描仪）、医疗产品（如核磁共振扫描仪）、家用产品（如数码相机、自动洗衣机）等，与传统机电产品相比，它具有小型化、多功能、高精度、高可靠性、柔性化、智能化等特点。图1-3所示为典型机电一体化系统产品实例——数控机床的构成示意图。

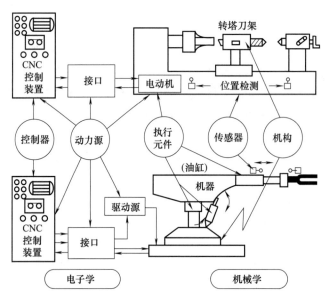

图1-3 典型机电一体化系统产品实例——数控机床的构成

1.1.2.3 机电一体化系统设计方法

机电一体化系统设计方法分为传统设计方法现代设计方法，前者主要以经验公式、图表手册为设计依据，而后者是以计算机为辅助手段进行机电一体化系统的设计。在进行机电一体化系统设计或产品设计时，需考虑哪些功能由机械技术实现，哪些功能由电气和电子技术实现，进一步还需要考虑在电气和电子技术中哪些功能由硬件实现，哪些功能由软件实现。因此，机电一体化设计与传统机电产品设计所不同的是，要求能够综合运用机械技术和电气、电子技术的优点，实现机械、电、液传动良好匹配，从而进行机电一体化系统整体优化设计。

一般情况下的设计步骤：技术预测→市场需求→信息分析→科学类比→系统设计→创新性设计→选择合适的现代设计方法（相似设计法、模拟设计法、有限元设计法、可靠性设计法、动态分析设计法、优化设计法等）→机电一体化设计质量的综合评价等。随着机电一体化技术的发展，现代设计方法的内涵在不断扩展，新方法层出不穷，如计算机辅助设计与并行工程、虚拟设计、快速响应设计、绿色设计、柔性化模块设计、可靠性设计、智能化设计、反求设计、网络合作设计等，受篇幅限制，下面只介绍其中几种常用方法。

（1）计算机辅助设计与并行工程

计算机辅助设计（Computer Aided Design，CAD），是指将计算机和相关软件应用于产品设计的全过程，其中包括资料检索、方案构思、计算分析、工程绘图和编制文件等。并行工程（Concurrent Engineering，CE）是把系统的设计、制造及其相关过程作为有机整体进行并行协调的一种工作模式，它从一开始就考虑产品全生命周期（包括设计、工艺、制造、服务及报废）内的所有因素，能够提高全面质量，降低系统成本，缩短系统研发周期。

（2）虚拟设计

虚拟设计是基于虚拟现实技术的新一代计算机辅助设计，是用计算机来虚拟完成整个产品的开发过程，在基于多媒体、交互式或侵入式的三维计算机辅助设计环境中建立系统的数字模型，用数字化形式代替传统的实物原型试验。在数字状态下进行系统的静态和动态性能分析，设计者能够直接在三维空间中通过三维操作指令、手势等高度交互的方式进行三维实体建模、观察、分析、集成改进和装配建模，并且最终生成精确的系统，可支持详细设计与变型设计，同时能在同一环境中进行一些相关分析，从而满足工程上应用的需要。虚拟设计可以使一个企业的各部门甚至是全球化合作企业同时在同一个系统模型上工作和获取信息，可对设计系统进行反复制作、实验、修改，并按照规划的时间、成本和质量要求将新系统产品推向市场，能持续对客户的需求变化做出快速灵活的响应。

（3）柔性化模块设计

机电一体化系统是由五大功能部件组成，若这些功能部件或功能子系统经过标准化、通用化和系列化，就能成为功能模块。每个功能模块可视为一个独立体，在设计时只需了解其性能规格，按其功能来选用，而不需要了解其结构细节。在系统设计时，可以把各种功能模块组合起来，形成所需的新系统，这样可以大大缩短设计与研制周期，节约工装设备费用，从而降低生产成本，也便于生产管理。此外，将机电一体化产品或系统中完成某一功能的检测传感元件、执行元件和控制器做成机电一体化的功能模块，如果控制器具有可编程的特点，则该模块就称为柔性模块。例如，采用凸轮机构可以实现位置控制，但这种控制是刚性的，运动改变时难以调节，若采用伺服电机驱动，则可以使机械装置简化，且利用电子控制装置可以进行复杂的运动控制以满足不同运动和位置的要求，采用计算机编程还可以进一步提高驱动系统的柔性。

(4) 绿色设计

绿色设计（也称为生态设计或环境设计）是从并行工程思想发展而出现的一个新概念，是以环境资源保护为核心概念的设计过程，它要求在产品的整个生命周期内把产品的基本属性和环境属性（可拆卸性、可回收性、可维护性、可重复利用性等）紧密结合起来。所谓绿色设计，就是在系统的开发阶段，就考虑其整个生命周期内对环境的影响，从而减少对环境的污染、资源的浪费、对人类健康所产生的副作用。绿色产品设计将系统生命周期内各个阶段（设计制造、使用、回收处理等）看成一个有机整体，在保证产品性能、质量及成本等要求的情况还充分考虑到系统的资源维护、能源回收利用以及对环境的影响等问题。

(5) 可靠性设计

可靠性是指系统在给定的条件下完成规定功能的能力，它是常规设计方法的深化和发展，是保证机械及其零部件满足给定的可靠性指标的一种设计方法，包括对产品的可靠性进行预计、分配、技术设计、评定等工作，影响到整个产品质量性能的优劣。一般来说，从系统可靠性角度出发，其组成零部件上的载荷和材料性能等都是具有离散性、模糊性或灰色性的随机变量，需要用概率统计的方法求解。该方法认为所设计的任何系统都存在一定的失效可能性，但是，可靠性设计可以定量地反映系统的可靠程度（其度量指标一般有可靠度、无故障率、失效率三种），从而可以弥补常规设计方法的不足。

(6) 反求设计

反求设计思想属于反向推理、逆向思维体系，是以现代设计理论、方法和技术为基础，运用各种专业人员的工程设计经验、知识和创新思维，对已有的系统进行剖析、重构、再创造的设计。如果某系统仅知其外在的功能特性而没有其设计图纸及相关详细设计资料，即其内部构成一"暗箱"，在某种情况下需要进行反向推理来设计具有同等外在功能特性的系统，运用反求设计方法进行设计极为合适。例如系统的三维逆向设计是指设计人员对系统实物样件表面进行数字化处理（数据采集、数据处理），并利用可实现逆向三维造型设计的软件来重新构造实物的 CAD 模型（曲面模型重构），并进一步用 CAD/CAE/CAM 系统实现分析、再设计、数控编程、数控加工的过程。从某种意义上来说，反求设计就是设计者根据现有系统的外在功能特性，利用现代设计理论和方法，设计能实现该外在功能特性要求的内部子系统，并构成整个机电一体化系统的设计。

1.1.2.4 机电一体化发展方向

机电一体化是集机械、电子、光学、控制、计算机、信息等多学科的交叉融合，它的发展和进步依赖并促进相关技术的发展和进步，系统具有体积小、重量轻、成本低、效率高和环保节能等优点。因此，机电一体化的主要发展方向如下：智能化、网络化、微型化、模块化、绿色环保化、人性化及仿生物系统化等。

(1) 智能化

智能化是机电一体化技术发展的一个重要发展方向，指机电一体化系统具有类似人的判断推理能力、逻辑思维能力以及自主决策能力等，使系统具有更高的控制目标。人工智能在机电一体化应用中的研究日益得到重视，如专家系统、模糊系统、神经网络以及大数据等技术，它们各自独立发展又彼此相互渗透，随着制造自动化程度的不断发展，将会出现智能制造系统控制器来模拟人类专家的智能制造活动，并对制造中出现的问题进行分析、判定、推理、构思和决策。

（2）网络化

网络技术的兴起和飞速发展给科学技术、产业生产、政治、军事、教育以及人们日常生活都带来了巨大的变革，同样也给机电一体化技术带来了重大影响。基于网络的各种远程控制和监视技术趋于成熟，而远程控制的终端设备本身就是机电一体化系统，例如通过网络对机电一体化系统进行远程控制。此外，各种网络将全球经济、生产连成网络，企业间的竞争也将网络全球化。

（3）微型化

微机电系统（Micro Electro Mechanic System，简称 MEMS）作为机电一体化技术的新尖端分支而备受重视，它泛指几何尺寸不超过 1cm 的机电一体化产品，并且微机电系统正在向纳米技术方向发展。微机电系统高度融合了微机械技术、微电子技术和软件技术，发展难点在于微机械并不是简单地将大尺寸的机械设备按比例缩小，由于其结构的微型化，在材料、结构设计、摩擦特性、加工方法、测试与定位及驱动方式等方面都产生了一些特殊的问题。微机电一体化产品体积小、耗能少、运动灵活，可进入一般机械设备无法进入的空间，并易于进行精细操纵。因此，在生物医学、航空航天、信息技术、工农业乃至国防等领域，微型化将作为一种必然的趋势引领机电一体化技术继续向前发展。

（4）模块化

机电一体化系统和技术可分为机械、电子和软件三大部分，而模块化技术恰恰是这三部分的共同技术。模块化技术可以减少产品的开发和生产成本，提高零部件通用化程度，提高产品的可装配性、可维修性和可扩展性等，模块代表了其未来产品的发展方向之一。模块化具有高度自主性、良好的协调性和自组织性。随着机电一体化相关技术的发展，各种机电一体化模块将越来越多地出现在市场上，利用这些模块，可以迅速而方便地设计、集成及制造出所需求的系统。

（5）绿色环保化

机电一体化技术的发展给人们的生活带来了巨大变化，但同时也无法忽略其对环境的破坏和对资源的剧烈消耗。人们呼唤保护环境，实现可持续发展。绿色环保化设计是指低能耗、低材耗、低污染、舒适、协调且可再生利用的系统，在其设计、制造、使用和销毁时应符合环保和人类健康的要求。机电一体化系统的绿色化是指在其使用时不污染生态环境，系统寿命结束时系统残存部分可分解和再生利用。

（6）人性化

人性化是指技术和人的关系协调，让技术的发展围绕服务人的需求展开。机电一体化系统的最终使用对象是人，机电一体化系统的人性化设计是必然的，在原有基本功能和性能的基础上，根据人的行为习惯、人体的生理结构、人的心理情况、人的思维方式等，对原有系统进行优化，使其使用方便、舒适。此外，在设计中满足人的心理、生理需求并尊重人的精神追求，是设计中的人文关怀，是对人性的尊重，如家用机器人等。因此，未来的机电一体化系统会更加注重人与系统的关系。

（7）仿生物系统化

仿生学研究领域中，一些生物体优良的结构可以作为机电一体化系统的新型机体，使得机电一体化系统的工作能够模仿生物机理，这一研究领域称为"仿生物系统"。总而言之，与机电一体化相关的技术还有很多，并且随着科学技术的发展，各种技术相互融合的趋势将越来越明显，机电一体化技术未来的发展前景也必将越来越广阔。

【学习小结】

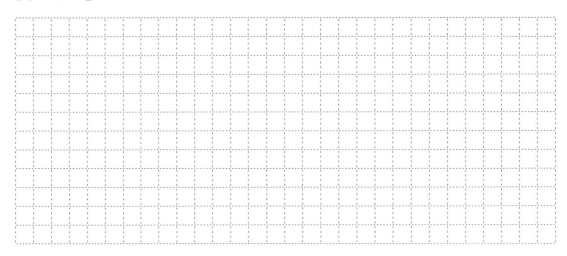

知识拓展：相关名词解释

机电一体化技术有着广泛的含义，CAD 技术、CAPP 技术、CAM 技术、柔性制造系统、产品生命周期、MES 系统等都属于机电一体化技术的范畴，下面对机电一体化领域常见的名词进行解释说明。

(1) 计算机辅助设计

计算机辅助设计（Computer Aided Design，简称 CAD），是指将计算机和相关软件应用于产品设计的全过程，其中包括资料检索、方案构思、计算分析、工程绘图和编制文件等。

(2) 计算机辅助工艺设计

计算机辅助工艺设计（Computer Aided Process Planning，简称 CAPP）通常是指机械产品制造工艺过程的计算机辅助设计与文档编制，根据产品要求，包括选择加工方法、确定加工顺序、分配加工设备、安排加工刀具等。CAPP 系统的主要任务是通过计算机辅助工艺过程设计完成产品设计信息向制造信息的传递，是连接 CAD 与 CAM 的桥梁，也是 CIMS 系统中的重要组成部分。

(3) 计算机辅助制造

计算机辅助制造（Computer Aided Manufacturing，简称 CAM），从广义来说，是指在机械制造过程中，通过各种设备，如机器人、加工中心、数控机床、传送装置等，利用计算机自动完成机械产品的加工、装配、检测和包装等制造过程，同时也包括 CAPP 和数字控制（Numerical Control，NC）编程。采用计算机辅助制造机械零部件，可改善对产品多变性的适应能力，提高加工效率和生产自动化水平，缩短加工准备时间，降低生产成本，提高产品质量。

(4) 计算机集成制造系统

计算机集成制造系统（Computer Integrated Manufacturing Systems，简称 CIMS），是随着计算机辅助设计与制造的发展而产生的。CIMS 在信息技术自动化技术与制造的基础上，通过计算机技术把分散在系统设计制造过程中各种孤立的自动化子系统有机地集成起来，适用于多品种、小批量生产，可实现具有整体效益的集成化和智能化制造系统。

（5）柔性制造系统

柔性制造系统（Flexible Manufacturing System，简称 FMS）又称为计算机化的制造系统，是指由一个传输系统把一些设备联系起来，通过传输装置把工件放在其他连接装置上送到各加工设备，使工件加工准确、迅速和自动化。其主要由计算机、数控机床、机器人、自动化仓库、自动搬运小车等组成。它可以随机地、实时地按照工艺要求进行生产，特别适合于多品种、小批量、设计更改频繁的离散零件生产。

（6）产品生命周期

产品生命周期（product life cycle），是把一个产品的销售经历比作人的生命周期，要经历出生、成长、成熟、老化、死亡等阶段。就产品而言，也就是要经历一个开发、引进、成长、成熟、衰退的阶段。

（7）制造执行系统

制造执行系统（Manufacturing Execution System，简称 MES）是把物资需求计划（Material Requirement Planning，MRP）同车间作业现场控制（如 PLC 程控器、数据采集器、条形码、各种计量及检测仪器、机械手等），通过执行系统联系起来，帮助企业实现生产计划管理、生产过程控制、产品质量管理、车间库存管理、项目看板管理等，提高企业的执行能力。

（8）数字孪生

数字孪生（digital twin）是充分利用物理模型、传感器更新、运行历史等数据，集成多学科、多物理量、多尺度、多概率的仿真过程，在虚拟空间中完成映射，从而反映相对应的实体装备的全生命周期过程。

（9）数据采集与监视控制系统

数据采集与监视控制（Supervisory Control and Data Acquisition，简称 SCADA）系统是以计算机为基础的 DCS 与电力自动化监控系统，广泛应用于电力、冶金、石油、化工、燃气、铁路等诸多领域。

（10）中国制造 2025 和工业 4.0

所谓工业 4.0（Industry 4.0）这个概念最早出现在德国，是基于工业发展的不同阶段作出的划分。按照目前的共识，工业 1.0 是蒸汽机时代，工业 2.0 是电气化时代，工业 3.0 是信息化时代，工业 4.0 则是利用信息化技术促进产业变革的时代。工业 4.0 是指利用信息物理系统（Cyber—Physical System，简称 CPS）将生产中的供应、制造、销售信息进行数据化、智慧化，最后达到快速、有效、人性化的产品供应。"中国制造 2025"是国务院于 2015 年 5 月印发的部署全面推进实施制造强国的战略文件，由百余名院士专家着手制定，为中国制造业未来 10 年设计顶层规划和路线图，通过努力实现中国制造向中国创造、中国速度向中国质量、中国产品向中国品牌的三大转变，推动中国到 2025 年基本实现工业化，迈入制造强国行列。

1.1.3 任务实施

通过上述认知学习，以典型机电一体化系统——数控机床（图 1-3）为研究对象，结合其五大组成部分，简述机电一体化系统的功能，并画出其组成框图，完成以下任务学习工单，具体形式见表 1-2。

表 1-2 学习工单

工作任务		学习时间/地点	
任务实施			
单元学习内容总结			
课后任务			

任务 1.2　初识机电一体化系统

1.2.1　任务目标

（1）掌握机电一体化关键技术的含义。

（2）以德国 AHK 机电一体化考核实训系统为认知载体，结合机电一体化系统各部分组成及具体功能，熟悉机电一体化关键技术的应用。

【任务导入】

机电一体化系统是机械、材料、微电子、控制工程、信息技术、计算机技术等多学科综合发展的产物，与以上相关技术有机结合而产生了很多新理论和新技术，试对机械技术、自动控制技术、控制及计算机信息处理技术、传感器与检测技术、驱动技术以及系统总体技术等主要关键技术进行简要说明，尝试探讨各关键技术的联系，并在下面列出。

1.2.2 知识技术准备

1.2.2.1 机械技术

机电一体化系统的主功能和构造功能往往是以机械本体为载体实现的。机械本体在质量、体积等方面都占有较大比例,如原动机、工作机和传动装置一般都采用机械结构。所谓机械技术是指关于机械机构及利用机构传递运动的技术,是机电一体化技术的基础。在进行机械结构设计时,除了要利用传统的机械理论与工艺等机械技术外,还要借助计算机辅助技术,采用优化设计、虚拟设计、绿色设计等多种设计方法,研究高精度导轨、滚珠丝杠、齿轮和轴承等相关关键部件,以提高以上关键零部件的精度和可靠性,通过使零部件标准化、系列化、模块化来提高其设计和制造水平。

1.2.2.2 自动控制技术

（1）概述

二十世纪中叶以来,随着科学技术的发展,自动控制技术的作用越来越重要。所谓自动控制技术就是在没有人直接参与的情况下,通过控制器使被控对象或过程自动地按照预定的规律运行。自动控制技术范围很广,包括从理论到实践的整个过程,例如自动控制理论、控制系统设计、系统仿真、现场调试、可靠运行等。

目前,自动控制技术广泛地应用于日常生活（如收音机、电视机、冰箱、空调等）、现代工业（如数控机床、自动化生产线、工业机器人等）、农业（如温室自动温控系统、自动灌溉系统等）、国防（如战斗机、导弹等）和航天科学技术（如航天飞机、卫星等）等相关领域中,是衡量一个国家的生产技术和科学技术水平先进与否的一项重要标志。由于被控对象种类繁多,所以控制技术的内容十分丰富,如位置精度控制、速度控制、自适应控制、自诊断、校正、补偿、示教再现、检索等。随着人工智能、大数据、物联网等新兴技术的发展,自动控制技术正在向智能化、网络化和集成化等方向发展。

（2）工作原理

在工业控制过程中,常常需要使其中某些物理量（如温度、压力、位置、速度等）保持恒定,或者让它们按照一定的规律变化,要满足这种需要,就应该对生产机械设备进行及时的控制和调整,以抵消外界的扰动和影响,需要我们根据具体需求来设计相应的自动控制系统。

所谓自动控制系统是指能够对被控对象的工作状态按指定规律进行自动控制的系统,由控制装置和被控对象组成,主要包括测量机构、比较机构及执行机构等三个部分。本书通过对人工手动调节恒温箱工作过程［图 1-4（a）］和恒温箱闭环自动控制系统工作过程［图 1-4（b）］作比较,对自动控制系统的工作过程进行阐述说明,具体如下。

① 人工手动调节恒温箱工作过程

a. 人眼观测恒温箱内温度（被控量）；

b. 人脑将恒温箱内实际温度与要求的温度（给定值）进行比较,得到温度偏差的大小,形成下一步人的控制策略；

c. 人脑按照控制策略控制人手（执行机构）,控制继电器使得加热电阻丝开始工作。

人工手动调节恒温箱工作过程的本质是检测偏差再纠正偏差,其工作原理功能框图如图 1-5 所示。

② 继电器自动控制恒温箱工作过程

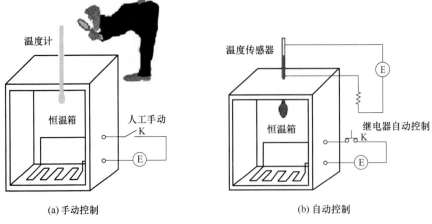

(a) 手动控制　　　　　　　　　　(b) 自动控制

图1-4　恒温箱手动和自动控制系统

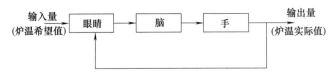

图1-5　人工手动控制恒温箱工作原理功能框图

a. 通过温度传感器检测恒温箱内温度（被控量）；

b. 通过温度比较电路将恒温箱内实际温度与要求的温度（给定值）进行比较，得到偏差的大小，形成下一步系统的自动控制策略；

c. 系统按照其自动控制策略控制继电器使得加热电阻丝开始工作。

显然，人工手动和自动调节恒温箱工作过程的共同特点是检测偏差用以纠正偏差，继电器自动控制恒温箱工作原理功能框图如图1-6所示。

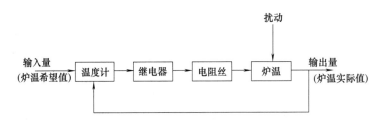

图1-6　继电器自动控制恒温箱工作原理功能框图

综上所述，自动控制系统的工作原理或过程总结如下。

a. 检测系统输出量（被控量）的实际值；

b. 将系统输出量的实际值与给定值（输入量）进行比较得到偏差；

c. 使用偏差信号产生控制调节策略以消除偏差，使得系统输出量达到系统的期望输出（给定值）。

（3）开环控制与闭环控制

根据自动控制技术发展的不同阶段，自动控制理论通常分为"经典控制理论"和"现代控制理论"两大部分。经典控制理论是以传递函数为基础，研究"单输入—单输出"线性定常系统的分析与设计，是以反馈理论为基础的自动调节原理，常用的分析方法包括时域分析法、频域分析法以及根轨迹法等。随科学的发展和工程实践的需要,现代控制理论是在经典控制理论基础上而迅速建立发展起来的,它是以状态空间法为基础,研究"多输入—多输出"非线性时变控制系统的分析与设计,包括最优控制、最佳滤波、系统辨识、自适应控制等理论。

自动控制技术能够实现自动控制的关键之一,就在于"反馈"这个概念。所谓反馈就把取出的输出量送回输入端,并与输入信号相比较产生偏差信号的过程,从而实现对被控对象进行控制的任务。自动控制技术按照有无"反馈"分类,可以分为开环控制和闭环控制。

① 开环控制 开环控制是指系统的被控制量(输出量)只受控于控制作用,而对控制作用不能反施任何影响的控制方式,即系统的输出端和输入端之间不存在反馈回路,采用开环控制的系统称为开环控制系统,其结构框图如图1-7所示。

图1-7 开环控制系统结构框图

显然,开环控制系统的输出量在整体控制过程中,对系统的控制不产生任何作用,即在开环系统中,不需要对输出量进行测量。在日常生活和生产中,开环控制系统也有其一定的应用,如普通车床、传统电炉子等,其优缺点如下。

优点:结构简单,成本低廉,易于实现。

缺点:对扰动没有抑制能力,控制精度低。

② 闭环控制 闭环控制是指系统的被控制量(输出量)与控制作用之间存在着负反馈的控制方式,即系统的输出端和输入端之间有反馈回路,采用闭环控制的系统称为闭环控制系统或反馈控制系统,其结构框图如图1-8所示。

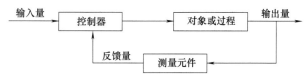

图1-8 开环控制系统结构框图

显然,闭环系统为反馈系统,据反馈极性的不同,反馈可分为正反馈和负反馈。若反馈的信号与输入信号极性或变化方向相反,使产生的偏差越来越小,则称为负反馈;反之,则称为正反馈。其中,负反馈应用更为广泛,按照"测偏纠偏"原理进行工作,即不断修正被控量与输入量之间的偏差。一般情况下,下面我们所讲的反馈系统均为负反馈系统。典型的闭环控制负反馈系统应用更为广泛,如抽水马桶、家用空调、数控机床、自动化生产线等,其优缺点如下。

优点:精度高,对外部扰动和系统参数变化容忍能力强。

缺点:系统分析设计困难,存在振荡、超调等问题。

(4) 自动控制系统的性能分析与评价

前文提到的控制系统设计是指根据控制对象和给定系统的性能指标,合理确定控制装置的结构参数,而控制系统分析是指已知系统的结构参数,通过分析系统的稳定性,求取系统的动态、静态性能指标,并据此评价系统。一般来说,自动控制系统的性能主要包括稳定性、快速性和准确性等三个方面。

① 稳定性　一个自动控制系统的最基本的要求是系统必须是稳定的，不稳定的控制系统是不能正常工作的。判断系统是否稳定的判据有劳斯稳定判据、赫尔维茨稳定判据、奈奎斯特稳定判据、李雅普诺夫稳定判据和伯德定理等。

② 快速性　在系统稳定的前提下，希望控制过程（过渡过程）进行得越快越好，但是如果要求过渡过程时间很短，可能使动态误差（偏差）过大。合理的设计应该兼顾这两方面的要求。

③ 准确性　即要求动态误差和稳态误差都越小越好。当与快速性有矛盾时，应兼顾两方面的要求。

由于被控对象具体情况不同，各种系统对上述三方面性能要求的侧重点也有所不同。例如随动系统对快速性和稳态精度的要求较高，而恒值系统一般侧重于稳定性能和抗扰动的能力。但需要注意的是，在同一个系统中动态响应的快速性、高精度与动态稳定性之间通常是相互制约的，我们应根据自动控制系统的具体性能指标，进行自动控制系统的综合设计。

1.2.2.3　控制及计算机信息处理技术

在机电一体化系统中，控制与计算机信息处理部分是整个系统的中枢部分和控制核心，用以实现对给定控制信息和检测的反馈信息的综合处理，并向执行机构发出命令，涉及信息的输入、识别、变换、运算、存储及输出、网络与通信技术、数据库技术等相关技术。目前，主要采用的控制装置包括单片机（SCM）、可编程控制器（PLC）及分布式计算机控制系统（也称分散控制系统，简称DCS）等，简单介绍如下。

（1）单片机

单片机（Single-Chip Microcomputer，SCM）是微型计算机发展的一个分支，一片单片机芯片就相当于微型计算机的一个裸机。它是一种集成电路芯片，是采用超大规模集成电路技术把具有数据处理能力的中央处理单元（CPU）、随机存储器（RAM）、只读存储器（ROM）、多种I/O接口、中断控制系统、定时器/计数器等（还可能包括显示驱动电路、脉宽调制电路、模拟多路转换器、A/D转换器等）集成到一块芯片上构成的一个小而完善的微型计算机系统，如图1-9所示。

单片机工作过程：首先将用户程序装入程序存储器中，按地址先从程序存储器中取出指令，然后对指令译码，以确定该指令执行的具体操作和操作数的存放地址，再根据这个地址取操作数，接着CPU按指令对操作数进行运算，结果送入存储器或经I/O接口电路送入显示器、打印机等外部设备。

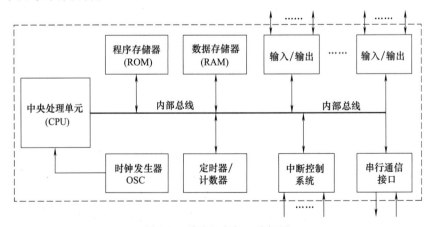

图1-9　单片机内部组成框图

从美国仙童（Fairchild）公司1974年生产出第一块单片机F8开始，世界各大计算机公司都纷纷推出自己的单片机系列。目前，已由当时的4位、8位单片机，发展到现在的32位300M的高速单片机，在工业控制领域得到越来越广泛应用，常见的品牌型号有Intel公司MCS系列、Atmel公司的AT系列、STC公司的STC系列、Microchip公司PIC系列等。单片机的成功应用，打破了传统的设计思想，使得原来很多用模拟电路、脉冲数字电路、逻辑部件来实现的功能，现在无需增加硬件设备，就可通过单片机的软件程序设计来完成，节约了成本，缩短了产品开发周期。后来在单片机的基础上，逐渐发展并产生了"嵌入式系统"。

嵌入式系统，是一种"完全嵌入受控器件内部，为特定应用而设计的专用计算机系统"，通常包括构成软件基本运行环境的硬件和操作系统两部分，具体包括处理器、存储器、输入/输出（I/O）和软件。与通用计算机系统不同，嵌入式系统通常执行的是带有特定要求的预先定义的任务，是面向用户、面向产品、面向应用的，必须与具体应用相结合。嵌入式系统的核心是由一个或几个预先编好程序、用来执行少数几项任务的嵌入式微处理器、嵌入式微控制器或者嵌入式DSP（Digital Signal Processor）组成，与通用计算机能够运行用户选择的软件不同，嵌入式系统上的软件通常是暂时不变的。嵌入式系统的应用前景是非常广泛的，从家里的洗衣机、电冰箱，到作为交通工具的自行车、小汽车，再到办公室里的远程会议系统等，都是嵌入式产品。

（2）可编程控制器

可编程逻辑控制器（Programmable Logic Controller，简称PLC），是在继电器控制基础上以微处理器为核心，将自动控制技术、计算机技术和通信技术融为一体而发展起来的一种新型工业自动控制装置。目前，PLC已基本取代了传统的继电器控制系统，成为工业自动控制领域中最重要、应用最多的控制装置，居工业生产自动化三大支柱（PLC、机器人、CAD/CAM）的首位。

PLC实质上是一种用于工业控制的专用计算机，由硬件和软件两大部分组成，主要包括中央处理器（CPU）、存储器、输入/输出接口（包括输入接口、输出接口、外部设备接口、扩展接口等）、外部设备编程器及电源模块，能够执行逻辑控制、顺序控制、定时、计数和算术运算等操作功能，并通过开关量、模拟量的输入和输出完成各种机械或生产过程的控制。

自1969年美国数字公司（DEC）研发第一台可编程序控制器，并在通用汽车公司的汽车装配线上试验成功之后，经过几十年的发展，PLC生产厂家越来越多，由于技术上相互借鉴、相互影响，使得同一地域的PLC产品呈现较多的相似性，而不同地域的PLC产品则差异明显，按照地域大致可以分成三大流派。

① 美系PLC：以AB公司、GE公司等为代表。

② 德系（欧洲）PLC：以德国西门子、施耐德公司等为代表。

③ 日系PLC：以日本三菱公司、OMRON公司等为代表，日本的PLC技术是从美国引进的，在解决一些小规模的应用问题时是首选。

可编程序控制器已经成为一种最重要、最普及、应用场合最多的工业控制计算机。可编程序控制器已进入过程控制、位置控制等场合的所有控制领域，具有可靠性高、抗干扰强、适应性好、功能完善、维护方便、体积小、重量轻、功耗低等优点，关于PLC技术的其他知识技能将在本书后续内容中进行详细介绍。

(3) 分布式计算机控制系统

分布式计算机控制系统（Distributed Control System，简写 DCS），也称为分散控制系统，基于控制分散、操作和管理集中的框架结构，采用多层分级、合作自治的结构形式。此外，DCS 在硬件上包括控制站、操作员站计算机、工程师站计算机以及相关网络系统；在软件上是一个整体方案，解决的是一个系统的所有技术问题，系统各部分之间结合严密。目前，DCS 系统常用于大规模的连续过程控制，在电力、冶金、石化等相关行业得到了广泛的应用，常用的品牌包括霍尼韦尔、横河、罗克韦尔、西门子、ABB、浙大中控、北京和利时等，下面对 DCS 系统硬件和软件部分进行介绍。

① DCS 系统硬件　主要由控制站和操作站组成，具体介绍如下。

a. 控制站　控制站包括现场控制站和数据采集站等。有机柜、电源、控制计算机、其他部件。现场控制站的主要任务是进行数据采集及处理，对被控对象实施闭环反馈控制、顺序控制和批量控制。

用户可以根据不同的应用需求，选择配置不同的现场控制单元以构成现场控制站，具体有以下两种形式。一种是以面向连续生产的过程控制为主，顺序逻辑控制为辅，构成一个可以实现多种复杂控制方案的现场控制站；另一种是以顺序控制、联锁控制功能为主的现场控制站，构成对大批量过程信号进行总体信息采集的现场控制站。

b. 操作站　DCS 操作站一般分为操作员站和工程师站两种。其中，工程师站主要是技术人员与控制系统的人机接口，可以对应用系统进行监视。工程师站为用户提供了一个灵活的、功能齐全的工作平台，通过组态软件来实现用户所要求的各种控制策略，有时候一些小型 DCS 的工程师站也可以用一个操作员站代替。操作员站是一台用于操作、监视、报警、趋势显示、记录和打印报表的 PC 机。操作员站通常装有操作软件以完成上述功能，并且是通过以太网与过程控制站相连。

② DCS 的软件系统　主要包括组态软件、控制层软件和监控软件，具体介绍如下。

a. 组态软件　一般安装于工程师站，用以完成系统控制层软件和监控软件的组态功能，用户可根据实际生产过程控制的需要，进行硬件配置、数据库组态、控制算法组态、流程显示及操作画面组态、报表组态、编译和下装等，预先将 DCS 所提供的硬件设备和软件功能模块组织起来，以完成特定的任务。

b. 控制层软件　控制层软件是指运行于现场控制站的控制器中的软件，可针对控制对象完成 I/O 数据的采集与输出、数据预处理、数据组织管理及控制运算等功能。

c. 监控软件　监控软件是指操作员站或工程师站上的软件，主要完成操作人员所发出的各个命令的执行、图形与画面的显示、报警信息的显示处理、对现场各类检测数据的集中处理等。

PLC 和 DCS 系统在工业自动化控制中占有举足轻重的地位，随着工业控制技术的发展已经成为现代工业生产制造中不可或缺的控制类产品。随着工业控制各个环节不断的升级与完善，我们又将 DCS 的概念拓展到现场总线控制系统（Fieldbus Control System，FCS）。

现场总线是用于现场仪表与控制系统之间的一种全分散、全数字化、智能、双向互联、多变量、多点、多站的通信网络系统。现场总线控制系统（FCS）是基于现场总线技术的新一代控制系统，是用现场总线这一开放的、具有互操作性的网络将现场各个控制器和仪表及仪表设备互联，构成现场总线控制系统，同时控制功能彻底下放到现场，降低了安装成本和维修费用。FCS 系统是由 PLC 与 DCS 系统发展而来，不仅具备 DCS 与 PLC 的特点，而且跨出了革命性的一步。目前，新型的 DCS 与新型的 PLC，都有相互融合的趋势。其中，新型的 DCS 已有很强的顺序控制功能，而新型的 PLC，也在处理闭环控制方面有所提高，并且两者都能组成大型工业网络。

PLC 与 DCS 系统的区别在于：PLC 是一个装置，硬件上等同于 DCS 系统中的现场控制器；软件上是一个局部方案，站与站之间组织松散。DCS 是一个系统，包括上位软件、网络与控制器，而 PLC 只是一个控制器，要构成系统还需要上位 SCADA 系统和与之相连的网络。DCS 系统更大，控制的回路数目更多，有比较多的控制系统和算法，可以完成比较复杂的回路控制。PLC 和 DCS 系统的硬件可靠性差不多，DCS 可以做到 I/O 的冗余，PLC 则不可以，但 PLC 的系统成本更低。

FCS 与 DCS 系统的区别见表 1-3。

表 1-3 FCS 与 DCS 系统的区别

比较项目	系　　统	
	FCS 系统	DCS 系统
结构	一对多：一对传输线接多台仪表，双向传输多个信号	一对一：一对传输线接一台仪表，单向传输一个信号
可靠性	可靠性好：数字信号传输抗干扰能力强，精度高	可靠性差：模拟信号传输不仅精度低，而且容易受干扰
失控状态	操作员在控制室既可以了解现场设备的工作情况，也能对设备进行参数调整，还可以预测或寻找故障，使设备始终处于操作员的过程监控与可控状态之中	操作员在控制室既不了解模拟仪表的工作情况，也不能对其进行参数调整，更不能预测故障，导致操作员对仪表处于"失控"状态
控制	控制功能分散在各个智能仪器中	所有的控制功能集中在控制站中
互换性	用户可以自由选择不同制造商提供的现场设备和仪表，并将不同品牌的仪表互连，实现"即插即用"	尽管模拟仪表统一了信号标准（4～20mA DC），可是大部分技术参数仍由制造厂自定，致使不同品牌的仪表互换性差
仪表	智能仪表除了具有模拟仪表的检测、变换、补偿等功能外，还具有数字通信能力，并且具有控制和运算能力	模拟仪表只具有检测、变换、补偿等功能
通信方式	采用双数字化、双向传输的通信方式。从最底层的传感器、变送器和执行器就采用现场总线网络，逐层向上直到最高层均为通信网络互联方式。多条分支通信线延伸到生产现场，用来连接现场数字仪表，采用一对多连接	采用层次化的体系结构，通信网络分布于各层并采用数字通信方式，唯有生产现场层的常规模拟仪表仍然是一对一模拟信号（如 4～20mA DC）传输方式，是一个"半数字信号"系统
分散控制	废弃了 DCS 的输入/输出单元，由现场仪表取而代之，即把 DCS 控制站的功能化整为零，将功能块分散地分配给现场总线上的数字仪表，实现彻底的分散控制	生产现场的模拟仪表集中于输入/输出单元，而与控制有关的输入、输出、控制、运算等功能块都集中于 DCS 控制站内。DCS 只是一个"半分散"系统
互操作性	现场设备只要采用统一总线标准，不同厂商的产品既可互联也可互换，并可以统一组态，从而彻底改变传统 DCS 控制层的封闭性和专用性，具有很好的可集成性	现场级设备都是各制造商自行研制开发的，不同厂商的产品由于通信协议的专有与不兼容，彼此难以互联、互操作

1.2.2.4 传感器与检测技术

传感器与检测技术是机电一体化的首要关键技术，它将所检测得到的各种物理量、化学量和生物量等（如位移、位置、速度、加速度、力、温度、酸碱度等）变换成系统可识别的、与被测量有确定对应关系的有用电信号,并输入到控制系统中,并由此产生出相应的控制信号以决定执行机构的运动规律。

在机电一体化系统中,传感器作为感受器官,将各种内、外部信息通过相应的信号检测装置反馈给控制与信息处理系统,由控制系统对运动进行控制。传感器一般由敏感元件、转换元件、转换电路三部分组成。

在机电一体化系统中,如果不能利用传感检测技术对被控对象的各项参数进行及时准确的检测,并转换成易于传送和处理的信号,那么系统控制的原始输入信息就无法获得,进而使整个系统无法正常准确、有效地工作。随着现代工业技术对传感器的精度、灵敏度和可靠性等方面要求越来越高,传感器的发展已进入集成化、智能化研究阶段,其今后的发展方向可有以下几个方面。

(1) 加速开发新型敏感材料

通过微电子、光电子、生物化学、信息处理等各种学科技术的互相渗透和综合利用,研发基于新型敏感材料的先进传感器。

(2) 向高精度发展

为进一步提高机电一体化系统的准确性和可靠性,研发灵敏度高、精确度高、响应速度快、互换性好的新型传感器。

(3) 向微型化发展

通过发展新的材料及加工技术,研发微型化新型传感器。

(4) 向微功耗及无源化发展

传感器一般都是由非电量向电量的转化,工作时离不开电源,研发微功耗的传感器及无源传感器是必然的发展方向。

(5) 向智能化、数字化发展

随着现代化的发展(如适应FCS系统),传感器的功能已突破传统的功能,其输出不再是一个单一的模拟信号(如4~20mA),而是经过微处理器加工后的数字信号,甚至带有信息处理和控制功能,即发展成为数字智能化传感器。

1.2.2.5 驱动技术

驱动技术的主要研究对象是执行单元及其驱动装置,也称驱动单元。它一方面通过电气接口向上与计算机相连,以接收计算机的控制指令;另一方面又通过机械接口向下与机械传动和执行机构相连,以实现规定的动作。由控制系统通过接口与这些执行单元及其驱动装置相连接,控制它们的运动,带动机械装置做回转、直线以及其他各种复杂的运动。一般来说,执行单元有三大类:利用电能的电动机、利用液压能的液压驱动装置和利用气压能的气压驱动装置,常见的驱动有电液马达、脉冲油缸、步进电机、伺服电机、直线电动机、三相异步交流电动机和压电驱动器等,表1-4给出了三类执行单元驱动形式的比较。

(1) 液压驱动

液压驱动系统是以液压为动力的自动控制系统,由液压控制和执行机构组成,在闭合回路中利用液体的压力来进行能量的传递。在这种系统中,系统的输出量(如位移、速度或力等)能自动、快速而准确地跟随输入量的变化而变化。与此同时,系统的输出功率远远大于输入功率。

液压驱动系统组成结构原理图如图1-10所示,主要包括形成液压的液压泵、供给工作油的导管、控制工作油流动的液压控制阀以及控制控制阀的控制回路。

表1-4 三类执行单元驱动形式的比较

驱动类型	操作力	响应速度	环境要求	结构	载荷变化影响	操控距离	无级变速	维护	价格
气压驱动	中等	较快	适应性好	简单	较大	中距离	较好	一般	较低
液压驱动	较大	较慢	不怕振动	复杂	有一些	短距离	良好	要求高	较高
电气驱动	中等	最快	要求较高	最复杂	没有	远距离	良好	要求更高	较高

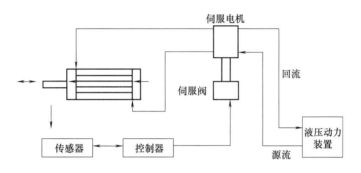

图1-10 液压驱动系统组成结构原理图

液压驱动系统可以从不同的角度进行分类，具体如下。

① 按输入信号的变化规律分类 可分为定值控制系统、程序控制系统和伺服系统三类。当系统输入信号为定值时，称为定值控制系统，其基本任务是提高系统的抗干扰能力；当系统的输入信号按预先给定的规律变化时，称为程序控制系统；伺服系统也称为随动系统，其输入信号是时间的未知函数，输出量能够准确、迅速地复现输入量的变化规律。

② 按输入信号的不同分类 可分为机液驱动系统、电液驱动系统、气液驱动系统等。

③ 按输出的物理量分类 可分为位置伺服系统、速度伺服系统、力（或压力）伺服系统等。

④ 按控制元件分类 可分为阀控系统和泵控系统。

此外，液压驱动系统能够在运行过程中实现大范围的无级调速（调速范围可达1~2000r/min），具有操作控制方便省力、易于实现自动控制、中远程距离控制、过载保护、单位质量输出功率大等优点。但是，液压伺服元件加工精度高、价格较贵；对油液的污染较敏感，可靠性易受到影响；在小功率系统中，液压伺服控制不如电子线路控制灵活。随着科学技术的发展，液压伺服系统的缺点将不断得到克服。在自动化技术领域，液压伺服控制有着广泛的应用前景。

（2）气压驱动

气压驱动使用压缩空气做气源来驱动直线或旋转气缸，并用人工或电磁阀进行控制。在所有的驱动方式中，气压驱动器是最简单、最环保的。气压传动与液压传动的工作原理是基本相似的，其工作原理是：首先空气压缩机将电动机或其他原动机输出的机械能化为空气的压力能，然后在控制元件和辅助元件的作用下，通过执行元件再把压力能转化为机械能,从而完成所要求的直线或旋转运动并对外做功,图1-11所示为气压驱动系统组成结构原理图。

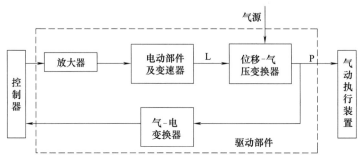

图1-11 气压驱动系统组成结构原理图

气压驱动系统的工作介质为压缩性很大的空气气体,较容易取得,用后的空气可排到大气中,处理方便,不用像液压驱动那样设置回收的油箱和管道。与液压传动相比,气动动作迅速、反应快、维护简单、工作介质洁净、不存在介质变质等问题。此外,气动系统对工作环境适应性好,特别在易燃、易爆、多尘埃、强磁、辐射、振动等恶劣工作环境中工作时,安全可靠性优于液压、电子和电气系统。但由于空气具有可压缩性,工作速度稳定性稍差;因工作压力低和结构尺寸小,总输出力不大;噪声较大,在高速排气时要加消声器。在机械、轻工、纺织、食品、军工等工业中,气压驱动系统得到了广泛的应用。

(3) 电气驱动

电气驱动是利用各种电机产生的力或转矩,直接或经过减速机构去驱动负载,减少了由电能变为压力能的中间环节,直接获得所要求的机构运动。电气驱动具有易于控制,运动精度高,响应快,使用方便,信号的监测、传递和处理方便,成本低廉、驱动效率高、不污染环境等诸多优点。其中,电动机的选择主要包括三相异步电动机、伺服电动机、步进电动机、直线电动机、压电驱动器等。目前,电气驱动已经成为应用最为广泛的驱动方式,其内容在后续章节详细介绍。

综上所述,电气、液压及气压等驱动技术互相融合,互相补充,已发展成为实现生产过程自动化的一个关键技术手段。

1.2.2.6 系统总体技术

所谓系统总体技术,是以系统整体目标出发组织应用各种相关技术,采用系统工程的观点和方法,将机电一体化系统整体分解成相互有机联系的若干功能单元,并以功能单元为子系统继续分解,直至找到可实现的技术方案,再把功能与技术方案组合在一起进行分析、评价,综合优选出适宜的功能技术方案。

其中,接口技术就是系统技术中的重要内容之一,能够实现系统各部分的有机连接和信息交换,包括机械接口、电气接口与人机接口等三个方面。电气接口实现系统间电信号连接,如现场总线技术;机械接口则完成机械与机械部分、机械与电气装置部分的连接;人机接口提供了人与系统间的交互界面,如触摸屏。从系统内部看,机电一体化系统是通过许多接口将各组成要素的输入/输出联系成一体的系统。总之,系统总体技术是最能体现机电一体化设计特点的核心技术之一,其原理和设计方法还在不断发展和完善过程中。

【学习小结】

1.2.3 任务实施

本书以德国AHK机电一体化考核实训系统为认知载体,对工业生产中涉及的PLC技术、电工电子技术、传感器技术、接口技术、网络通信技术、组态技术等应用进行介绍。该设备能要求线体上各种机械加工装置能自动地完成预定的各道工序及工艺过程,使产品成为合格的制品,而且要求在装卸工件、定位夹紧、工件在工具间的输送、工件的分拣甚至包装等都能自动地进行。此外,还能以多容水箱为控制对象完成对其温度、压力等过程量的控制。

图1-12所示为本书采用的机电一体化系统认知载体——德国AHK机电一体化考核实训系统的实物图,该自动化生产线有三个工作站共八个模块单元组成,分别是供料单元、输送检测单元、旋转机械手单元、导位输送单元、龙门机械手单元、过程控制单元、人机界面单元、电气控制单元(供电模块单元、PLC控制单元、变频器控制单元)。本书以本系统为对象,对机电一体化系统进行认知性实训,具体如下。

(1) 供料单元的结构及功能认知

供料单元主要由井式料仓、光纤传感器、直线气缸、磁性开关传感器、24V DC单控电磁阀组成,基本功能是按照需要把不同的工件通过直线气缸从料仓的底部推出送到输送带上,为下一个单元的运行提供准备工作,如图1-13所示。

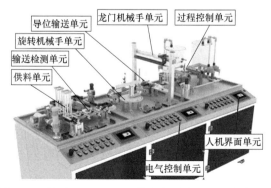

图1-12 德国AHK机电一体化考核实训系统的实物图

图1-13 供料单元

（2）输送检测单元的结构及功能认知

输送检测单元是由电感式传感器、电容式传感器、光电传感器、光纤传感器等工业型传感器以及三条输送带（一条主输送带，两条辅助输送带）组成。其中，主输送带是通过交流变频驱动，另两条辅助输送带是由 24V DC 直流电机驱动，如图 1-14 所示。

输送检测单元的基本功能：工件通过交流变频驱动的主输送带进行可调速输送，通过各种传感器的检测，把符合条件的工件通过直线气缸输送到辅助输送带，然后通过直流电机驱动的辅助输送带把工件输送到相应的位置。

图 1-14 输送检测单元

（3）旋转机械手单元的结构及功能认知

旋转机械手单元由 24V DC 直流电机、真空发生器、24V DC 单控电磁阀组成，其基本功能是把经由输送带检测单元分拣出的工件，通过真空吸盘抓起，然后通过直流电机驱动机构旋转，把工件放入相应的位置，能够多角度运行且能多自由度控制，如图 1-15 所示。

（4）导位输送单元的结构及功能认知

导位输送单元是由输送带、形态检测气缸、旋转气缸、增量式编码器组成，其基本功能是检测工件的开口方向，根据任务需要调整工件的开口方向，然后通过直流电机驱动的辅助输送带把工件输送到相应的位置，如图 1-16 所示。

图 1-15 旋转机械手单元

图 1-16 导位输送单元

(5) 龙门机械手单元的结构及功能认知

龙门机械手单元是由磁性开关传感器、无杆气缸、直线气缸、真空发生器、24V DC 单/双电磁阀组成，其基本功能是把经由输送带检测单元输送来的工件，根据不同的性质，分别放入到相应的工位，实现工件的自动分拣，如图 1-17 所示。

(6) 人机界面单元的结构及功能认知

人机界面单元的功能是实现整个过程的动态可视化控制、整个设备运行过程中数据的采集与管理、整个设备运行的报警输出等，以实现设备与人的信息交换，如图 1-18 所示。

(7) 过程控制单元的结构及功能认知

过程控制主要是对模拟量的控制，它包括水箱、微型增压水泵、压力传感器、温度传感器、电磁阀、位置传感器等，其基本功

图 1-17 龙门机械手单元

能是通过控制增压水泵的启停，将液体从 1♯ 水箱灌装到 2♯ 水箱，通过温度传感器自动控制加热装置，对液体自动加热，如图 1-19 所示。

图 1-18 人机界面单元

(8) 供电模块单元

本系统外部供电电源为单相 AC 220V，供电模块如图 1-20 所示，图中电源断路器的作用是控制主电路的接通和断开，安全继电器的作用是控制设备的控制电源的接通和断开。当急停按钮处于按下状态时，系统的 DC 24V 控制电源全部切断，所有负载设备无法动作；当急停按钮处于抬起状态时，系统的 DC 24V 控制电源全部接通，所有负载设备接受

图 1-19 过程控制单元

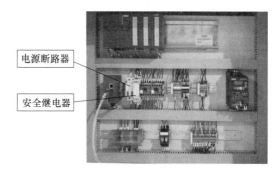

图 1-20 供电模块

PLC 逻辑功能控制而动作。

（9）PLC 控制单元

PLC 控制单元是整个设备的控制核心，主要由不同类型的 PLC 及相关电气控制回路组成。该单元设计一般涉及 PLC 控制器选型、参数设置、程序编写、通信技术、日常维护及故障诊断与处理等方面的内容，如图 1-21 所示。

图 1-21　PLC 控制单元

（10）变频器控制单元

变频器控制单元主要由交流低压变频器、交流三相异步电动机等组成，本系统中采用的是西门子 V20 系列变频器来驱动主输送带的交流异步电动机，进而控制电动机的速度与方向，如图 1-22 所示。

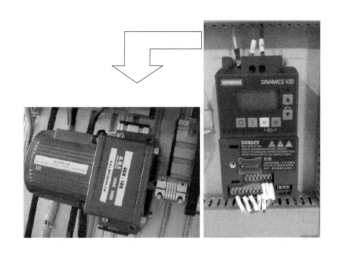

图 1-22　变频器控制单元

通过上述认知实训，以本系统为研究对象，结合其十个重要单元组成部分，用框图画出系统的组成框图，并简要说明其各部分具体功能，填写学习工单，具体学习工单形式见表 1-2。

图 1-23 所示为该系统的设备安装布局图及元件分布图。

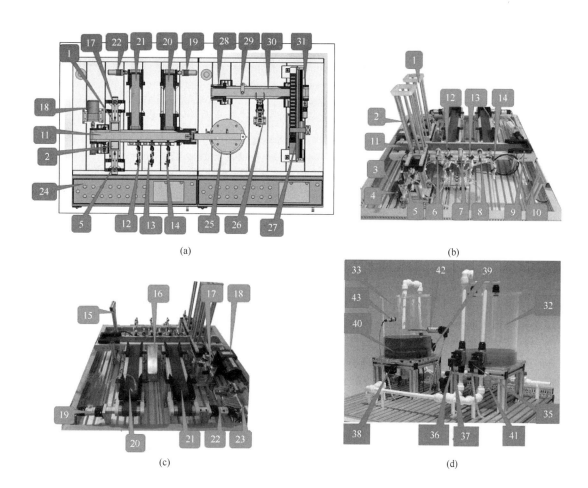

图 1-23 系统的设备安装布局图及元件分布图

1—料仓一；2—料仓二；3—料仓一光纤传感器；4—料仓二光纤传感器；5—料仓二气缸；6—电感传感器；7—光电传感器；8—电容传感器；9—光纤一；10—光纤一传感器；11—M1 皮带；12—气缸一；13—气缸二；14—气缸三；15—过滤减压阀安装支架；16—白色物料出料导向槽；17—料仓一气缸；18—减速电机 M1；19—直流减速电机 M3；20—M3 电机皮带；21—M2 电机皮带；22—直流减速电机 M2；23—端子插接模块；24—按钮控制面板；25—机械臂；26—翻转抓；27—门形气缸组（由多个气缸组合）；28—工件导向器；29—检测气缸；30—2#站电机；31—编码器；32—2#水箱；33—3#水箱；34—1#水箱（在实训柜里面，图中未标出）；35—Y1 电磁阀；36—增压水泵；37—Y2 电磁阀；38—Y4 电磁阀；39—Y3 电磁阀；40—加热棒；41—压力传感器；42—温度传感器 PT100；43—液位传感器

习　题

一、选择题

1. Mechatronics 是两个不同学科领域名称的组合，这两个不同的学科是（　　）。
   A. 机械学与信息技术　　　　　　　　B. 机械学与电子学
   C. 机械学与自动化技术　　　　　　　D. 机械学与计算机

2. 机电一体化技术是以（　　）技术为核心，强调各种技术的协同和集成的综合性技术。

A. 自动化 　　　　B. 电子 　　　　C. 机械 　　　　D. 软件

3. 机电一体化技术是以（　　）部分为主体，强调各种技术的协同和集成的综合性技术。

A. 自动化 　　　　B. 微电子 　　　　C. 机械 　　　　D. 软件

4. 在机电一体化产品的开发过程中，总体方案设计完成后应立即进行（　　）。

A. 样机设计　　　　　　　　　　B. 此方案的评审、评价
C. 理论分析　　　　　　　　　　D. 可行性与技术经济分析

5. 在工业机器人的设计中，（　　）是理论分析阶段要进行的工作之一。

A. 传感器的选择及精度分析　　　B. 技术经济性分析
C. 控制系统硬件电路设计　　　　D. 控制系统软件配置与调试

6. 以下产品不属于机电一体化产品的是（　　）。

A. 机器人 　　　B. 抽水马桶 　　　C. 数控机床 　　　D. 复印机

7. 计算机集成制造系统包括（　　）

A. CAD、CAPP、CAM　　　　　　B. FMS
C. 计算机辅助生产管理　　　　　D. 以上全部

8. 以下产品不属于机电一体化产品的是（　　）。

A. 工业机器人　　B. 电子计算机　　C. 空调 　　　D. 复印机

9. 以下除了（　　），均是由硬件和软件组成。

A. 计算机控制系统　　　　　　　B. PLC控制系统
C. 嵌入式系统　　　　　　　　　D. 继电器控制系统

10. 为保证系统安全可靠工作，下列机电一体化产品中，（　　）需要进行抗干扰设计。

A. 自动洗衣机 　　B. 自动照相机 　　C. 滚筒型绘图机 　　D. 数控机床

11. 计算机控制系统实际运行时，需要由用户自行编写（　　），具有实时性、针对性、灵活性和通用性。

A. 实时软件 　　B. 开发软件 　　C. 系统软件 　　D. 应用软件

12. 数控机床进给系统的伺服电机属于设备的（　　）。

A. 能源部分 　　B. 传感部分 　　C. 驱动部分 　　D. 执行机构

13. 当代工业自动化三大支柱不包含（　　）。

A. PLC 　　　　B. CAD/CAM 　　　C. 单片机 　　　D. 机器人

14. 若将计算机比喻成人的大脑，那么传感器则可以比喻为人的（　　）。

A. 眼睛 　　　B. 感觉器官 　　　C. 手 　　　D. 皮肤

15. 传感技术与信息学科紧密相连，是（　　）和自动转换技术的总称。

A. 自动调节　　　　　　　　　　B. 自动测量
C. 自动检测　　　　　　　　　　D. 信息获取

16. 自动控制技术、通信技术、计算机技术和（　　），构成信息技术的完整信息链。

A. 汽车制造技术 　　B. 建筑技术 　　C. 传感技术 　　D. 监测技术

二、判断题

1. 机电一体化系统是以微电子技术为主体、以机械部分为核心，强调各种技术的协同和集成的综合性技术。（　　）

2. 机电一体化系统的机械系统与一般的机械系统相比，应具有高精度、良好的稳定性、

快速响应性的特性。（　　）

3. 机电一体化系统的主要功能就是对输入的物质按照要求进行处理，输出具有所需特性的物质。（　　）

4. 机电一体化产品的适应性设计是指改变产品部分结构尺寸而形成系列产品的设计。（　　）

5. 机电一体化产品不仅是人的手与肢体的延伸，还是人的感官与头脑的延伸，具有"智能化"的特征是机电一体化与机械电气化在功能上的本质差别。（　　）

6. 自动控制技术是机电一体化六个相关技术之一，而接口技术是自动控制技术中的一个方面。（　　）

7. 自动控制是在人直接参与的情况下，通过控制器使被控对象或过程自动地按照预定的规律运行。（　　）

8. 信息处理技术是指在机电一体化产品工作过程中，与工作过程各种参数和状态以及自动控制有关的信息输入、识别、变换、运算、存储、输出和决策分析等技术。（　　）

9. 一个较完善的机电一体化系统，应包括以下几个基本要素：机械本体、动力系统、检测传感系统及执行部件，各要素和环节之间通过接口相联系。（　　）

10. 数控机床中的计算机属于机电一体化系统的控制及信息处理单元，而电机和主轴箱则属于系统的驱动部分。（　　）

11. 接口技术是系统技术中的一个方面，它的功能是实现系统各部分的可靠连接。（　　）

12. 现场总线系统采用一对一的设备连线，按控制回路分别进行连接，打破了传统控制系统的结构形式。（　　）

13. 系统论、信息论、控制论是机电一体化技术的理论基础，是机电一体化技术的方法论。（　　）

14. 在全自动洗衣机产品的设计过程中，控制系统软件的设计是理论分析阶段的任务之一。（　　）

15. 在闭环控制系统中，驱动装置中各环节的误差因其在系统中所处的位置不同，对系统输出精度的影响不同。（　　）

16. 开环控制系统中，执行装置的误差直接影响系统精度，但不存在稳定性问题。（　　）

17. 无论采用何种控制方案，系统的控制精度总是高于检测装置的精度。（　　）

18. 选择传感器时，如果测量的目的是进行定性分析，则选用绝对量值精度高的传感器，而不宜选用重复精度高的传感器。（　　）

19. 现代嵌入式系统的设计方法是将系统划分为硬件和软件两个独立的部分，然后按各自的设计流程分别完成。（　　）

20. 计算机控制系统的采样周期越小，其控制精度就越高。（　　）

21. 嵌入式系统大多工作在为特定用户群设计的系统中，通常都具有功耗低、体积小、集成度高等特点。（　　）

22. 伺服驱动系统在控制信息作用下提供动力，伺服驱动包括电动、气压、液压等各种类型的驱动装置。（　　）

23. 伺服驱动系统是实现电信号到机械动作转换的装置和部件。（　　）

24. 微机系统的数据总线中，在任何给定时刻，数据流均允许往一个方向传输。（   ）

25. 绿色设计是对已有的产品或技术进行分析研究，进而对该系统（产品）进行剖析、重构、再创造的设计。（   ）

26. 机电一体化产品的适应性设计是指对产品功能及结构重新进行的设计。（   ）

27. 反求设计是建立在概率统计基础之上，主要任务是提高产品的可靠性，延长使用寿命，降低维修成本。（   ）

28. 仿真根据采用的模型不同可分为计算机仿真、半物理仿真和全物理仿真。（   ）

29. 需求设计是指新产品开发的整个生命周期内，从分析用户需求到以详细技术说明书的形式来描述满足用户需求产品的过程。（   ）

30. 采用虚拟样机代替物理样机对产品进行创新设计测试和评估，延长了产品开发周期，增加了产品开发成本，但是可以改进产品设计质量，提高面向客户捕捉需求的能力。（   ）

三、简答题

1. 简述机电一体化技术的含义。
2. 简述机电一体化技术的分类，并举例说明其应用范围。
3. 简述完善的机电一体化系统的主要组成部分。
4. 机电一体化的关键技术主要包括哪些？
5. 在机电一体化系统中，对控制及信息处理单元的基本要求是什么？
6. 简述典型的机电一体化的机械系统的组成及对其基本要求。
7. 在机电一体化系统中，接口技术的作用是什么？
8. 机电一体化技术的发展方向主要包括哪些？
9. 机电一体化的设计常用哪些方法？
10. 试举例说明日常生活和工作中如何应用自动控制的反馈原理。
11. 常见的机电一体化系统控制器包括哪些？
12. 常见的机电一体化系动力源包括哪些？
13. 试分别讲一讲单片机、工业PC、可编程控制器、PC总线工控机在机电一体化系统中的用途。
14. 什么是伺服系统？伺服系统的一般组成有哪几个部分？
15. 机电一体化系统仿真在系统设计过程中所起的作用是什么？
16. 如何进行机电一体化系统的可靠性设计？
17. 假定你在设计一套典型的机电一体化系统，比如数控机床，请制订出设计的流程。
18. 某部门欲开发一款用于焊接印刷电路板芯片的机械手，请制订出该款机械手产品的开发设计流程。

项目2　机电一体化关键技术的应用认知

【项目描述】　以德国AHK机电一体化考核实训系统为认知载体，对机电一体化系统设计、安装与调试中所涉及的PLC技术、传感器技术、驱动技术、网络通信技术、组态技术等的应用进行认知介绍。

任务2.1　机械技术在机电一体化系统中的应用认知

2.1.1　任务目标

（1）熟悉机电一体化产品对机械系统的要求。
（2）掌握机电一体化系统传动机构的分类及特点。
（3）掌握机电一体化系统导向传动机构的分类及要求。
（4）掌握机电一体化系统支撑机构的分类及选择。
（5）掌握机电一体化系统执行机构的功用。

【任务导入】

在机电一体化系统中，机械技术是机电一体化的基础，机械技术的着眼点在于如何与机电一体化技术相适应，试列出机电一体化系统常用的机构，并说明每个机构的优缺点。

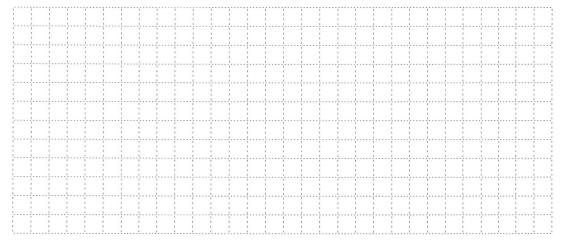

2.1.2 知识技术准备

1984年美国机械工程师学会（ASME）提出现代机械的定义为："由计算机信息网络协调与控制的，用于完成包括机械力、运动和能量流等动力学任务的机械和（或）机电部件一体化的机械系统。"由此可见，现代机械应是一个机电一体化的机械系统，其核心是由计算机控制的，包括机、电、液、光等技术的伺服系统，它的主要功能是完成一系列机械运动。

随着机电控制技术的发展，在机电一体化产品中广泛采用了伺服技术和计算机控制技术，每一个机械运动都可单独通过由控制电动机、传动机构和执行机构组成的子系统来完成，而各个子系统之间的运动协调则由计算机来实现。因此，机械系统是整个伺服系统的一部分，其实现的方法、手段和可靠性对机电一体化产品的性能有着重要的影响。

机械系统是机电一体化产品中不可或缺的组成部分，其主要功能为实现一系列机械运动传递和对整个系统起支撑作用。除了一般高精度机械产品要具有较高的定位精度、较高的系统刚度、良好的可靠性和体积小、寿命长等基本要求外，机电一体化产品的机械系统还应具有良好的动态响应特性，就是说稳定性要好、响应要快、传动精度要高。机械传动部件对伺服系统的伺服特性有很大影响，特别是其传动类型、传动方式、传动刚性以及传动的可靠性对机电一体化系统的精度稳定性和快速响应特性有重大影响。因此，为确保机械系统的传动精度和工作稳定性，在设计中常提出无间隙、低摩擦、低惯量、高刚度、高谐振频率、适当的阻尼比等要求。

随着机电一体化技术的不断发展，要求机械传动机构应不断适应新的技术要求，具体包括以下三个方面。

① 高精度　机械系统的精度将直接影响产品的性能和可靠性。对于某种特定的机电一体化产品来说，应根据其性能的需要提出适当的精度要求，由于要适应产品的高定位精度的性能要求，对机械传动机构的精度要求越来越高，因此，机械系统的高精度是基本的要求。

② 高速化　产品工作效率的高低，直接与机械传动部分的运动速度相关。因此，机械传动机构不但要求具有快速响应特性，也应能适应高速运动的要求。

③ 小型化、轻量化　随着机电一体化系统（或产品）高精度、高速化的发展，必然要求其传动机构小型化、轻量化，以提高运动灵敏度（响应特性）、减小冲击、降低能耗。为与电子部件的微型化相适应，也要尽可能做到使机械传动部件短、小、轻、薄。

机电一体化机械系统常用的机械部件有齿轮传动、螺旋传动、同步带传动等各种线性传动部件，连杆机构、凸轮机构等非线性传动部件，以及导向支承部件、旋转支承部件等。概括起来讲，可分为机械传动机构、机械导向支承机构以及机械执行机构三大部分。

① 传动机构　机电一体化机械系统中的传动机构不仅是转速和转矩的变换器，而且已成为伺服系统的一部分，它要根据伺服控制的要求进行选择设计，其目的是使执行元件与负载之间在转矩与转速方面得到最佳匹配，以达到整个机械系统良好的伺服性能。因此，传动机构除了要满足传动精度的要求外，同时还要满足小型化、轻量化、高速、低噪声和高可靠性的要求。

② 导向支承机构　其作用是支承和导向，为机械系统中各运动装置能安全、准确地完成其特定方向的运动提供保障。

③ 执行机构　执行机构根据操作指令在动力源的带动下完成预期的操作，要求执行机构具有较高的灵敏度、精度，以及良好的重复性和可靠性。由于计算机的强大功能，使传统

的电动机发展成为具有动力变速与执行等多功能的伺服电机,从而大大简化了执行机构。

2.1.2.1 机械传动机构

在机电一体化产品中,一般多采用调速范围大、可无级调速的控制电动机,省去了大量用于进行变速和换向的齿轮轴承和轴类零件,减少了产生误差的环节,提高了传动效率,从而使机械传动机构的设计得到了很大简化。特别是由于伺服技术和计算机控制技术的应用,机械传动方式也由传统的串联或串并联方式演变为并联传动方式。

机械传动机构的主要功能是传递转速和转矩,大多还具有改变速度大小和范围、改变运动形式(旋转运动变为直线运动或曲线运动等)、改变运动方式(连续运动变为间歇运动等)、将单向运动变为往复运动等多种功能。在步进电机驱动的系统中,机械传动机构还具有匹配脉冲当量的功能,由于其具有结构简单,性能可靠,不易受电、磁、热等条件的影响,加工修理方便等优点,在机电一体化产品中得到广泛应用。

为确保机械系统的传动精度和工作稳定性,机电一体化产品中的机械传动机构不仅应保证有精确的传动比、高刚度、低摩擦、低振动、低噪声、高热稳定性,还要满足传动链短、转动惯量小、无间隙传递、小型化、轻量化等设计要求。

表2-1所示为常用传动机构及其功能,一些传动机构可满足一项或多项功能要求。本文主要介绍齿轮传动机构、丝杠螺母机构、同步带传动。

表2-1 常用传动机构及其功能

传动机构	运动的变换				动力的变换	
	形式变换	行程变换	方向变换	速度变换	大小变换	形式变换
丝杠螺母	√				√	√
齿条			√	√	√	
齿轮齿条	√					
链轮链条			√	√		
带、带轮			√	√		√
缆绳、绳轮			√	√		
杠杆机构		√	√	√		
连杆机构		√				
凸轮机构	√	√	√	√		
摩擦轮			√	√		
方向节			√			
软轴			√			
涡轮蜗杆			√	√	√	
间歇机构	√					

1) 齿轮传动机构

齿轮传动是机械传动装置中最常用的传动方式之一,是转矩、转速和转向的变换器,常用的有一级、二级、三级等齿轮减速装置,如图2-1所示。

设计机械系统时,应该了解齿轮传动装置的优缺点并根据应用中实际情况,决定是否安装齿轮传动装置。

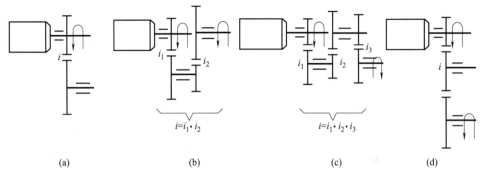

图 2-1　常见齿轮传动装置

(1) 齿轮传动装置的优点
① 齿轮传动的瞬时传动比为常数，传动精确；
② 强度大，能承受重载，结构紧凑；
③ 摩擦力小，传动效率高；
④ 电动机轴与丝杠不必在同一条直线上，即电动机的安装可以有多种方式；
⑤ 外部转动惯量 J 折算到电动机轴上按比值 $1/i^2$ 减少，电动机轴上的驱动转矩按负载力矩减少 $1/i$，这表明可使用功率较小的电动机。

(2) 齿轮传动装置的缺点
① 齿轮传动装置是一个附加的结构部件，对其设计和生产都有一定的要求，增加了制造成本；
② 齿轮传动可以把附加的非线性（间隙）引入位置控制环，而且这类非线性只能部分地予以消除；
③ 虽然齿轮传动装置输出端的全部转动惯量可以通过齿轮速比减少，但齿轮转动惯量本身会影响驱动装置的总转动惯量；
④ 齿轮转角的制造和安装误差、齿轮轴的弹性扭转角等会传动精度；
⑤ 齿轮的磨损可能引起反转误差的逐渐扩大，因此必须及时重新调整。

机电一体化机械系统的设计中，总传动比的确定将影响系统的速度和加速性能，而各级传动比的分配则会影响机械系统的惯性、重量、精度等。

(3) 齿轮传动总传动比的最佳匹配选择

设计齿轮总传动比 i 时，首先应满足驱动部件与负载之间的位移、转矩、转速的匹配要求。齿轮减速器的输入为电机的高转速、低转矩，而输出则为低转速、高转矩。因此，不但要求齿轮传动系统传递转矩时要有足够的刚度，还要求其转动惯量尽量小，以便在获得同一加速度时所需的转矩小，即在同一驱动功率时，其加速度响应最大。

(4) 各级传动比的最佳分配原则

当计算出总传动比后，为了使减速系统结构紧凑，满足动态性能和提高传动精度的要求，常常对各级传动比进行合理分配，其分配原则如下。

① 重量最轻原则　对于小功率传动系统，使各级传动比 $i=i_1=i_2=\cdots=\sqrt[n]{i}$，即可使传动装置的重量最轻。由于这个结论是在假定各主动小齿轮模数、齿数均相同的条件下导出的，故所有大齿轮的齿数、模数也相同，每级齿轮副的中心距离也相同。

上述结论对于大功率传动系统是不适用的，因其传递扭矩大，故要考虑齿轮模数、齿轮齿宽等参数逐级增加的情况，此时应根据经验类比方法以及结构紧凑的要求进行综合考虑。各级传动比一般应以"先大后小"原则处理。

② 输出轴转角误差最小原则　为了提高机电一体化系统齿轮传动系统传递运动的精度，各级传动比应按先小后大原则分配，以便降低齿轮的加工误差、安装误差以及回转误差对输出转角精度的影响。设齿轮传动系统中各级齿轮的转角误差换算到末级输出轴上的总转角误差为 $\Delta\Phi_{max}$，则

$$\Delta\Phi_{max} = \sum_{k}^{n} \Delta\Phi_k / i_{kn} \tag{2-1}$$

式中　Φ_k——第 k 个齿轮所具有的转角误差；

i_{kn}——第 k 个齿轮的转轴至 n 级输出轴的传动比。

则四级齿轮传动系统各齿轮的转角误差（$\Delta\Phi_1$，$\Delta\Phi_2$，…，$\Delta\Phi_8$）换算到末级输出轴上的总转角误差为

$$\Delta\Phi_{max} = \frac{\Delta\Phi_1}{i} + \frac{\Delta\Phi_2 + \Delta\Phi_3}{i_2 i_3 i_4} + \frac{\Delta\Phi_4 + \Delta\Phi_5}{i_3 i_4} + \frac{\Delta\Phi_6 + \Delta\Phi_7}{i_4} + \Delta\Phi_8 \tag{2-2}$$

由此可知总转角误差主要取决于最末一级齿轮的转角误差和传动比的大小。在设计中最末两级的传动比应取大一些，并尽量提高最末一级齿轮副的加工精度。

③ 等效转动惯量最小原则　利用该原则所设计的齿轮传动系统，换算到电机轴上的等效转动惯量为最小。

(5) 齿轮传动间隙的调整方法

齿轮传动间隙不仅影响系统精度，也影响系统的稳定性。多级齿轮传动中，各级齿轮间隙的影响是不相同的。设有一传动链为三级传动，R 为主动轴，C 为从动轴，各级传动比分别为 i_1、i_2、i_3，齿侧间隙分别为 δ_1、δ_2、δ_3，将各传动间隙换算到末级输出轴上的总间隙 δ_C 为

$$\delta_C = \frac{\delta_1}{i_2 i_3} + \frac{\delta_2}{i_3} + \delta_3 \tag{2-3}$$

将各传动间隙换算到输入轴上的总间隙 δ_R 为

$$\delta_R = \delta_1 + i_1 \delta_2 + i_1 i_2 \delta_3 \tag{2-4}$$

如果是减速运动，则 i_1、i_2、i_3 均大于1，故由上式可知，最后一级齿轮的传动间隙 δ_3 影响最大。为了减小其间隙的影响，除尽可能地提高齿轮的加工精度外，装配时还应尽量减小最后一级齿轮的传动间隙。

常用的调整圆柱齿轮传动齿侧间隙的方法有以下几种。

① 偏心轴套调整法　如图2-2所示，齿轮4和5相互啮合，齿轮4装在电动机输出轴上，电机2通过偏心套1安装在减速箱3上，通过转动偏心套，就可调节两齿轮的中心距，从而消除圆柱齿轮正、反转时的齿侧间隙。特点是结构简单，能提高传动刚度，但其侧隙不能自动补偿。

② 轴向垫片调整法　如图2-3所示，齿轮1和2相啮合，其分度圆弧齿厚沿轴线方向略有锥度，这样就可以用轴向垫片3使齿轮2沿轴向移动，从而消除两齿轮的齿侧间隙。装配时轴向垫片3的厚度应使得齿轮1和2之间既齿侧间隙小，又运转灵活。特点同①。

③ 双片薄齿轮错齿调整法　这种消除齿侧间隙的方法是将其中一个做成宽齿轮，另一个由两片薄齿轮组成。采取措施使一个薄齿轮的左齿侧和另一个薄齿轮的右齿侧分别紧贴在

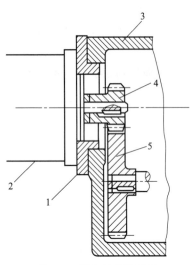

图 2-2 偏心轴套调整法
1—偏心套；2—电动机；
3—减速箱；4,5—减速齿轮

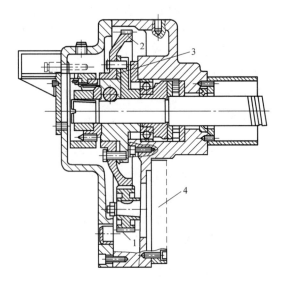

图 2-3 轴向垫片调整法
1,2—齿轮；3—垫片；4—电动机

宽齿轮齿槽的左、右两侧，以消除齿侧间隙，为使反向时不会出现死区，可采用周向拉簧式和可调拉簧式等措施解决。

2) 丝杠螺母机构

(1) 丝杠螺母机构基本传动形式

丝杠螺母机构又称螺旋传动机构，如图 2-4 所示。它主要用来将旋转运动变为直线运动或将直线运动变为旋转运动，有以传递能量为主的（如螺旋压力机、千斤顶等），也有以传递运动为主的（如工作台的进给丝杠），还有调整零件之间相对位置的螺旋传动机构等。

根据丝杆和螺母相对运动组合情况，其基本传动形式有以下四种，如图 2-5 所示。

图 2-4 滴珠丝杠实物

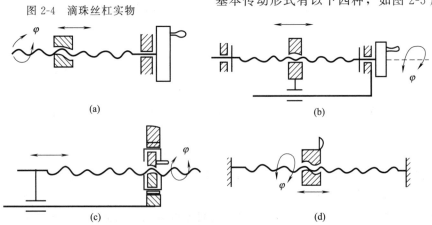

图 2-5 丝杠螺母机构的基本传动形式

① 螺母固定、丝杆转动并移动。如图 2-5（a）所示，该传动形式因螺母本身起着支承作用，消除了丝杆轴承可能产生的附加轴向窜动，结构较简单，可获得较高的传动精度。但其轴向尺寸不易太长，刚性较差。因此，只适用于行程较小的场合。

② 丝杆转动、螺母移动。如图 2-5（b）所示，该传动形式需要限制螺母的转动，故需导向装置。其特点是结构紧凑，丝杠刚性较好，适用于工作行程较大的场合。

③ 螺母转动、丝杆移动。如图 2-5（c）所示，该传动形式需要限制螺母移动和丝杆的转动，由于结构较复杂且占用轴向空间较大，故应用较少。

④ 丝杆固定、螺母转动并移动。如图 2-5（d）所示，该传动方式结构简单、紧凑，但在多数情况下，使用极不方便，故很少应用。

(2) 丝杠螺母机构传动特点

丝杠螺母机构有滑动摩擦和滚动摩擦之分。普通丝杠螺母机构为滑动摩擦，滚珠丝杠螺母机构为滚动摩擦。

普通丝杠螺母机构传动特点如下。

① 摩擦阻力大，传动效率低，通常为 30%～40%；

② 结构简单，加工方便，制造成本低；

③ 具有自锁功能；

④ 运转平稳，但低速或微调时可能出现爬行；

⑤ 螺纹有侧向间隙，反向时有空行程，定位精度低，轴向刚度差；

⑥ 磨损快。

滚珠丝杠螺母机构传动特点如下。

① 很高的传动效率　效率高达 90%～95%，耗费的动力仅为滑动丝杠的 1/3，可使驱动电动机乃至机械系统结构小型化。

② 运动的可逆性　逆传动效率几乎与正传动效率相同，既可将回转运动变成直线运动，又可将直线运动变成回转运动，以满足一些特殊要求的运动场合。因其具有传动的可逆性，不能自锁，因此在垂直安装用作升降传动机构时，需要采取制动等措施。

③ 系统的高刚度　通过给螺母组件施加预紧获得较高的系统刚度，可满足各种机械传动的要求，无爬行现象，始终保持运动的平稳性。

④ 传动精度高　经过淬硬并经精磨螺纹滚道后的滚珠丝杠副，本身就具有很高的进给精度。由于摩擦小，丝杠副工作时的温升变形小，容易获得较高的定位精度。螺母和螺杆经调整预紧，可得到很高的定位精度（$5\mu m/300mm$）和重复定位精度（$1\sim2\mu m$）。

⑤ 使用寿命长　钢球在淬硬的滚道上做滚动运动摩擦极小，长期使用后仍保持其精度，工作寿命长，且具有很高的可靠性，寿命一般要比滑动丝杠高 5～6 倍。

⑥ 使用范围广　由于其独特的性能而受到极高的评价，因而已成为数控机床、精密机械、各种省力机械设备及各种机电一体化产品中不可缺少的元件。

⑦ 结构复杂，制造较难，抗冲击性能差。

(3) 滚珠丝杠副传动部件

滚珠丝杠副是一种新型螺旋传动机构，其具有螺旋槽的丝杆与螺母之间装有中间传动元件——滚珠。图 2-6 为滚珠丝杠螺母机构组成示意图。

由图 2-6 可知，它由丝杠、螺母、滚珠和外滚道反向器（滚珠循环反向装置）等四部分组成。

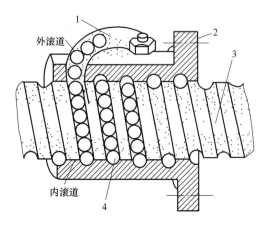

图 2-6 滚珠丝杠螺母机构组成示意图
1—外滚道反向器；2—螺母；3—丝杠；4—滚珠

当丝杆转动时，带动滚珠沿螺纹滚道滚动，为防止滚珠从滚道端面掉出，在螺母的螺旋槽两端设有滚珠回程引导装置构成滚珠的循环返回通道，从而形成滚珠流动的闭合通路。

滚珠丝杠副的结构类型可以从螺纹滚道的截内滚道面形状、滚珠的循环方式和消除轴向间隙的调整方法进行区分。

① 螺纹滚道型面（法向）的形状及主要尺寸 我国生产的滚珠丝杠副的螺纹滚道有单圆弧型和双圆弧型，如图 2-7 所示。滚道型面上，滚珠接触点法线与丝杠轴向垂线间的夹角 β 被称为接触角，一般为 45°。单圆弧型的螺纹滚道的接触角随轴向载荷大小的变化而变化，主要由轴向载荷所引起的接触变形的大小而定。β 增大时，传动效率轴向刚度以及承载能力也随之增大。由于单圆弧型滚道加工用砂轮成型较简单，故容易得到较高的加工精度。单圆弧型面的滚道圆弧半径 R 稍大于滚珠半径 r_1。国内采用的 R/r_1 有 1.04 和 1.11 两种。

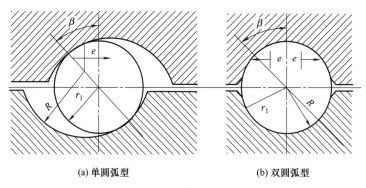

(a) 单圆弧型   (b) 双圆弧型

图 2-7 螺纹滚道法向截面形状

双圆弧型的螺纹滚道的接触角在工作过程中基本保持不变。两圆弧相交处有一小空隙，可使滚道底部与滚珠不接触，并能存一定的润滑油以减少摩擦和磨损。由于加工其型面的砂轮修整、加工和检验均较困难，故加工成本较高。

② 滚珠的循环方式 滚珠丝杠副中滚珠的循环方式有内循环和外循环两种方式。

a. 内循环 内循环方式的滚珠在循环过程中始终与丝杠表面保持接触。如图 2-8 所示，在螺母 2 的侧面孔内装有接通相邻滚道的反向器 4，利用反向器引导滚珠 3 越过丝杠 1 的螺纹顶部进入相邻滚道，形成一个循环回路。一般在同一螺

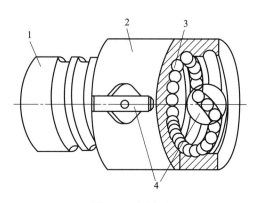

图 2-8 内循环
1—丝杠；2—螺母；3—滚珠；4—反向器

母上装有2~4个滚珠用反向器,并沿螺母圆周均匀分布。内循环方式的优点是滚珠循环的回路短、流畅性好、效率高、螺母的径向尺寸也较小,其不足是反向器加工困难、装配调整也不方便。浮动式反向器的内循环如图2-9所示。

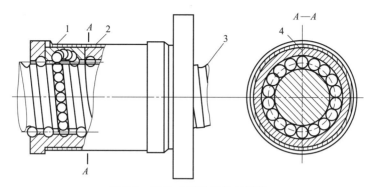

图2-9 浮动式反向器的内循环
1—反向器;2—弹簧套;3—丝杠;4—拱形片簧

浮动式反向器内循环的结构特点是反向器1上的安装孔有0.01~0.015mm的配合间隙,反向器弧面上有圆弧槽,槽内安装拱形片簧4,外有弹簧套2,借助拱形片簧的弹力,始终给反向器一个径向推力,使位于回珠圆弧槽内的滚珠与丝杠3表面保持一定的压力,从而使槽内滚珠代替了定位键而对反向器起到自定位作用。这种反向器的优点是在高频浮动中可达到回珠圆弧槽进出口的自动对接,通道流畅、摩擦特性较好,更适用于高速、高灵敏度、高刚性的精密进给系统。

b. 外循环 外循环方式中的滚珠在循环反向时,离开丝杠螺纹滚道,在螺母体内或体外作循环运动。从结构上看,外循环有以下三种形式。

ⓐ 螺旋槽式。如图2-10所示,在螺母2的外圆表面上铣出螺纹凹槽,槽的两端钻出两个与螺纹滚道相切的通孔,螺纹滚道内装入两个挡珠器4引导滚珠3通过这两个孔,应用套筒1盖住凹槽,构成滚珠的循环回路。这种结构的特点是工艺简单、径向尺寸小、易于制造,但是挡珠器刚性差、易磨损。

ⓑ 插管式。如图2-11所示,用一弯管1代替螺纹凹槽,弯管的两端插入与螺纹滚道5相切的两个内孔,用弯管的端部引导滚珠4进入弯管,构成滚珠的循环回路,再用压板2和螺钉将弯管固定。插管式结构简单、容易制造,但是径向尺寸较大,弯管端部用作挡珠器比较容易磨损。

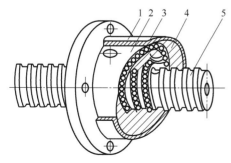

图2-10 螺旋槽式外循环结构
1—套筒;2—螺母;3—滚珠;4—挡珠器;5—丝杠

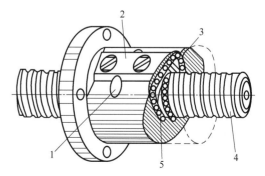

图2-11 插管式外循环结构
1—弯管;2—压板;3—螺纹滚道;4—丝杠;5—滚珠

ⓒ 端盖式。在螺母弯管 1 上钻出纵向孔作为滚珠回程滚道，如图 2-12 所示，螺母两端装有两块扇形盖板或套筒 2，滚珠的回程道口就在盖板上。滚道半径为滚珠直径的 1.4～1.6 倍。这种方式结构简单、工艺性好，但因滚道吻接和弯曲处圆角不易做准确而影响其性能，故应用较少。常以单螺母形式用作升降传动机构。

③ 滚珠丝杠副的主要尺寸参数　滚珠丝杠副的部分主要尺寸参数如图 2-13 所示。其中，公称直径 d：指滚珠与螺纹滚道在理论接触角状态时包络滚珠球心的圆柱直径，它是滚珠丝杠副的特征尺寸。基本导程 P_k：指丝杠相对于螺母旋转 2π 弧度时，螺母上基准点的轴向位移。行程 l：指丝杠相对于螺母旋转任意弧度时，滚珠丝杠螺母上基准的轴向位移。此外还有丝杠螺纹大径 d_1、丝杠螺纹小径 d_2、滚珠直径 D、螺母螺纹大径 D_2、螺母螺纹小径 D_3、丝杠螺纹全长 l_a 等。

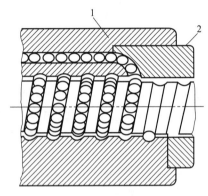

图 2-12　端盖式外循环结构

1—螺母弯管；2—套筒

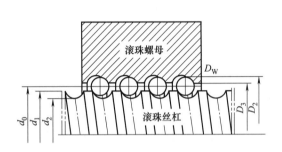

图 2-13　滚珠丝杠副的部分主要尺寸参数

基本导程的大小应根据机电一体化系统的精度要求确定。精度要求高时应选取较小的基本导程。滚珠的工作圈（或列）数和工作滚珠的数量 N 由试验确定：第一、第二和第三圈（或列）分别承受的轴向载荷为 50%、30% 和 20% 左右。因此，工作圈（或列）数一般取 2.5～3.5，滚珠总数 N 一般不超过 150 个。

④ 滚珠丝杠副支承方式的选择　实践证明，丝杠的轴承组合及轴承座以及其他零件的连接刚性不足，将严重影响滚珠丝杠副的传动精度和刚度，在设计安装时应认真考虑。为了提高轴向刚度，常用以止推轴承为主的轴承组合来支承丝杠，当轴向载荷较小时，也可用向心推力球轴承来支承丝杠。常用轴承的组合方式有以下几种。

a. 单推-单推式　如图 2-14 所示，止推轴承分别装在滚珠丝杠的两端并施加预紧力。其特点是轴向刚度较高；预拉伸安装时预紧力较大，轴承寿命比双推-双推式短。

b. 双推-双推式　如图 2-15 所示，两端装有止推轴承及向心轴承，并施加预紧力，使其刚度最高。该方式适合于高刚度、高速度、高精度的精密丝杠传动系统。由于温度的升高会使丝杠的预紧力增大，故易造成两端支承的预紧力不对称。

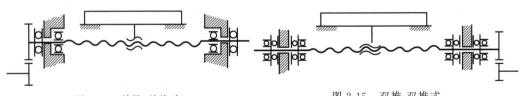

图 2-14　单推-单推式　　　　　图 2-15　双推-双推式

c. 双推-简支式　如图 2-16 所示，一端装止推轴承，另一端装向心球轴承，轴向刚度不太高。使用时应注意减少丝杠热变形的影响。双推端可预拉伸安装，预紧力小，轴承寿命较高，适用于中速、精度较高的长丝杠传动系统。

d. 双推-自由式　如图 2-17 所示，一端装止推轴承，另一端悬空。因其一端是自由状态，故轴向刚度和承载能力低，多用于轻载、低速的垂直安装丝杠传动系统。

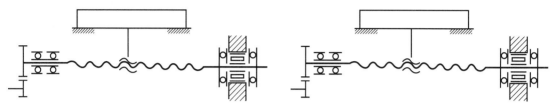

图 2-16　双推-简支式　　　　　　　图 2-17　双推-自由式

3）同步带传动

（1）同步带传动形式

同步带以钢丝绳或玻璃纤维为强力层，外覆以聚氨酯或氯丁橡胶的环形带，带的内周制成齿状，使其与齿形带轮啮合。同步带传动时，传动比准确，对轴作用力小，结构紧凑、耐油、耐磨性好，抗老化性能好，一般使用温度为 $-20\sim80℃$，$v<50\text{m/s}$，$P<300\text{kW}$，$i<10$，可用于要求同步的传动，也可用于低速传动。

同步带综合了带传动、链传动和齿轮传动的优点。转动时，通过带齿与轮的齿槽相啮合来传递动力。

（2）同步带传动特点

① 传动准确，工作时无滑动，具有恒定的传动比。

② 传动平稳，具有缓冲、减振能力，噪声低。

③ 传动效率高，可达 0.98，节能效果明显。

④ 维护保养方便，不需润滑，维护费用低。

⑤ 速比范围大，一般可达 1∶10，线速度可达 50m/s，具有较大的功率传递范围，可达几瓦到几百千瓦。

⑥ 可用于长距离传动，中心距可达 10m 以上。

⑦ 相对于 V 形带传送，预紧力较小，轴和轴承上所受载荷小。

（3）同步带分类

同步带齿有梯形齿和弧齿两类，故同步带可分为梯形齿同步带、弧形齿同步带。

影响同步带传动精度的主要因素是多边形的边长，由于梯形齿同步带传动中齿顶不与带轮槽接触，带齿构成直边会产生多边形效应，而双圆弧齿顶与齿槽接触，可部分减少带齿所形成的多边形边长，大大降低了多边形效应，使其传动精度、传动噪声、冲击振动均小于梯形齿同步带。

2.1.2.2　机械导向机构

导向支承部件的作用是支承和限制运动部件，使其按给定的运动要求和规定的方向运动。这样的部件通常称为导轨副，简称导轨。

（1）导轨副概述

导轨的功用是使运动部件沿一定的轨迹（直线或圆周）运动，并承受运动部件上的载

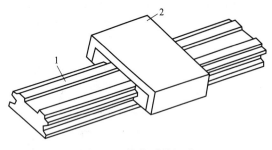

图 2-18 导轨副的组成
1—支承导轨；2—动导轨

荷，即起导向和承载作用。

在导轨副中，运动的一方称为动导轨，不动的一方称为支承导轨，如图 2-18 所示。不同分类方式如下。

① 根据运动形式不同可分为直线运动导轨副和回转运动导轨副，运动形式为直线的被称为直线运动导轨副，运动形式为回转的被称为回转运动导轨副，也称为圆周运动导轨副。

② 根据接触面的摩擦性质可分为滑动导轨、滚动导轨、流体介质摩擦导轨等，分类如下。

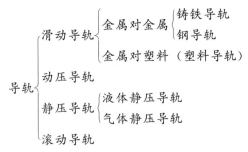

滑动导轨是应用最广的一种，也是其他类型导轨的基础，它的截面形状及其组合形式也用于静压导轨和滚动导轨。

③ 根据结构特点可分为开式导轨（借助重力或弹簧弹力保证运动件与承导面之间的接触）和闭式导轨（只靠导轨本身的结构形状保证运动件与承导面之间的接触）。常用导轨结构形式如图 2-19 所示，其性能比较见表 2-2。

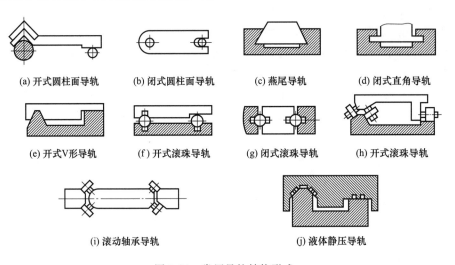

图 2-19 常用导轨结构形式

（2）导轨副应满足的基本要求

机电一体化系统对导轨的基本要求是导向精度高、刚性好、运动轻便平稳、耐磨性好、温度变化影响小以及结构工艺性好等。

表 2-2　常用导轨性能比较

导轨类型	结构工艺性	方向精度	摩擦力	对温度变化的敏感性	承载能力	耐磨性	成本
开式圆柱面导轨	好	高	较大	不敏感	小	较差	低
闭式圆柱面导轨	好	较高	较大	较敏感	较小	较差	低
燕尾导轨	较差	高	大	敏感	大	好	较高
闭式直角导轨	较差	较低	较小	较敏感	大	较好	较低
开式 V 形导轨	较差	较高	较大	不敏感	大	好	较高
开式滚珠导轨	较差	高	小	不敏感	较小	较好	较高
闭式滚珠导轨	差	较高	较小	不敏感	较小	较好	高
开式滚柱导轨	较差	较高	小	不敏感	较大	较好	较高
滚动轴承导轨	较差	较高	小	不敏感	较大	好	较高
液体静压导轨	差	高	很小	不敏感	大	很好	较高

对精度要求高的直线运动导轨，还要求导轨的承载面与导向面严格分开；当运动件较重时，必须设有卸荷装置，运动件的支承必须符合三点定位原理。

a. 导向精度。导向精度是指动导轨按给定方向做直线运动的准确程度。导向精度的高低，主要取决于导轨的结构类型、导轨的几何精度和接触精度、导轨的配合间隙、油膜厚度和油膜刚度、导轨和基础件的刚度和热变形等。

直线运动导轨的几何精度，如图 2-20 所示，一般有下列几项规定。

ⓐ 导轨在垂直平面内的直线度（即导轨纵向直线度），如图 2-20（a）所示。

ⓑ 导轨在水平平面内的直线度（即导轨横向直线度），如图 2-20（b）所示。理想的导轨与垂直和水平截面上的交线，均应是一条直线，但由于制造误差，使实际轮廓线偏离理想的直线，测得实际包容线的两条平行直线间的宽度 ΔV、ΔH，即为导轨在垂直平面内或水平平面内的直线度。

在这以上两种精度中，一般规定为导轨全长上的直线度或导轨在一定长度上的直线度。

ⓒ 两导轨面间的平行度，也叫扭曲度，如图 2-20（c）所示。这项误差一般规定为导轨一定长度上或全长上的横向扭曲值。

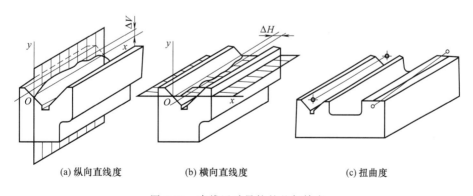

图 2-20　直线运动导轨的几何精度

b. 刚度。导轨的刚度就是抵抗载荷的能力。抵抗恒定载荷的能力称为静刚度；抵抗交变载荷的能力称为动刚度。现简略介绍静刚度。

在恒定载荷作用下，物体变形的大小表示静刚度的好坏。导轨变形一般有自身、局部和接触三种变形。

ⓐ 自身变形，由作用在导轨面上的零部件重量（包括自重）而引起，它主要与导轨的类型、尺寸以及材料等有关。因此，为了加强导轨自身刚度，常用增大尺寸、合理布置筋和筋板等办法解决。

ⓑ 导轨局部变形发生在载荷集中的地方，因此，必须加强导轨的局部刚度。

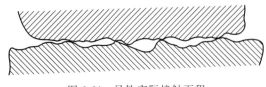

图 2-21　导轨实际接触面积

ⓒ 在两个平面接触处，由于加工造成的微观不平度，使其实际接触面积仅是名义接触面积的很小一部分，因而会产生接触变形，如图 2-21 所示。由于接触面积是随机的，故接触变形不是定值，亦即接触刚度也不是定值，但在实际应用时，接触刚度必须是定值。为此，对于活动接触面（动导轨与支承导轨），需施加预载荷，以增加接触面积，提高接触刚度。预载荷一般等于运动件及其上部工件的重量总和。

c. 精度的保持性。精度的保持性主要由导轨的耐磨性决定。导轨的耐磨性是指导轨在长期使用后，应能保持一定的导向精度。导轨的耐磨性，主要取决于导轨的结构、材料、摩擦性质、表面粗糙度、表面硬度、表面润滑及受力情况等。提高导轨的精度保持性，必须进行正确的润滑与保护。采用独立的润滑系统自动润滑已被普遍采用。防护方法很多，目前多采用多层金属薄板伸缩式防护罩进行防护。

d. 运动的灵活性和低速运行的平稳性。机电一体化系统的精度和运动速度都比较高，因此，其导轨应具有较好的灵活性和平稳性，工作时应轻便省力，速度均匀，低速运动或微量位移时不应出现爬行现象，高速运动时应无振动。某些机床工作台在低速运行时（如 0.05m/min），往往不是作连续的匀速运动而是时走时停（即爬行）。可将机械系统等效成为一个质量-弹簧-阻尼系统，如图 2-22 所示，其爬行现象的主要原因是摩擦系数随运动速度的变化和传动系统刚性不足。传动系统带动运动件 3 在静导轨 4 上运动时，作用在导轨副内的摩擦力是变化的。导轨副相对静止时，静摩擦系数较大。运动开始的低速阶段，动摩擦系数随导轨副相对滑动速度的增大而降低，直到相对速度增大到某一临界值，动摩擦系数才随相对速度的减小而增加。

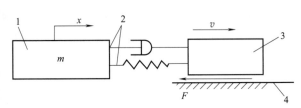

图 2-22　质量-弹簧-阻尼系统
1—主动件；2—弹簧阻尼；3—运动件；4—静导轨

分析图 2-22 所示的运动系统可得：匀速运动的主动件 1，通过压缩弹簧推动静止的运动件 3，当运动件 3 受到的逐渐增大的弹簧力小于静摩擦力 F 时，运动件 3 不动；直到弹簧力刚刚大于静摩擦力 F 时，运动件 3 才开始运动，动摩擦力随着动摩擦系数的降低而变小，运动件 3 的速度相应增大，同时弹簧相应伸长，作用在运动件 3 上的弹簧力逐渐减小，运动件 3 产生负加速度，速度降低，动摩擦力相应增大，速度逐渐下降，直到运动件 3 停止运动，主动件 1 再重新压缩弹簧，爬行现象进入下一个周期。

为防止爬行现象的出现，可同时采取以下几项措施：采用滚动导轨、静压导轨、卸荷导轨、贴塑料层导轨等，在普通滑动导轨上使用含有极性添加剂的导轨油；用减小结合面、增大结构尺寸、缩短传动链、减少传动副等方法来提高传动系统的刚度。

e. 对温度的敏感性和结构工艺性。导轨在环境温度变化的情况下,应能正常工作,既不"卡死",也不影响系统的运动精度。导轨对温度变化的敏感性主要取决于导轨材料和导轨配合间隙的选择。结构工艺性是指系统在正常工作的条件下,应力求结构简单,且容易装拆、调整、维修及检测方便,从而最大限度地降低成本。

(3) 导轨副的设计内容

① 根据工作条件,选择合适的导轨类型;

② 选择导轨的截面形状,以保证导向精度;

③ 选择适当的导轨结构及尺寸,使其在给定的载荷及工作温度范围内,有足够的刚度、良好的耐磨性以及运动轻便和低速平稳性;

④ 选择导轨的补偿及调整装置,经长期使用后,通过调整能保持所需要的导向精度;

⑤ 选择合理的耐磨涂料、润滑方法和防护装置,使导轨有良好的工作条件,以减少摩擦和磨损;

⑥ 制定保证导轨所必需的技术条件,如选择适当的材料,以及热处理、精加工和测量方法等。

2.1.2.3 机械支承机构

(1) 移动型支承导向部件

① 滑动导轨副的结构　常见的导轨截面形状有三角形(分对称、不对称两类)、矩形、燕尾形及圆形等四种,每种又分为凸形和凹形两类,如表2-3所示。凸形导轨不易积存切屑等脏物,也不易储存润滑油,宜在低速下工作;凹形导轨则相反,可用于高速,但必须有良好的防护装置,以防切屑等脏物落入导轨。各种导轨的特点叙述如下。

表2-3　导轨的截面形状

分类	对称三角形	不对称三角形	矩形	燕尾形	圆形
凸形	45°45°	90° 15°~30°		55° 55°	
凹形	90°~120°	65°~70° 90°		55° 55°	

a. 三角形导轨。导轨尖顶朝上的称三角形导轨,尖顶朝下的称V形导轨,该导轨在垂直载荷的作用下,磨损后能自动补偿,不会产生间隙,故导向精度较高。但压板面仍需有间隙调整装置。它的截面角度由载荷大小及导向要求而定,一般为90°。为增加承载面积,减小比压,在导轨高度不变的条件下,应采用较大的顶角(110°~120°);为提高导向性,可采用较小的顶角(60°)。如果导轨上所受的力,在两个方向上的分力相差很大,应采用不对称三角形,以使力的作用方向尽可能垂直于导轨面。此外,导轨水平与垂直方向误差相互影响,会给制造、检验和修理带来困难。

b. 矩形导轨。矩形导轨的特点是结构简单,制造、检验和修理方便,导轨面较宽,承载能力大,刚度高,故应用广泛。矩形导轨的导向精度没有三角形导轨高,磨损后不能自动补偿，须要调整间隙装置，但水平和垂直方向上的位置各不相关，即单一方向上的调整不会影响到另一方向的位移，因此安装调整均较方便。在导轨的材料、载荷宽度相同情况下，矩形导轨的摩擦阻力和接触变形都比三角形导轨小。

c. 燕尾形导轨。此类导轨磨损后不能自动补偿间隙，需设调整间隙装置。两燕尾面起压板面作用，用一根镶条就可调节水平与垂直方向的间隙，且高度小，结构紧凑，可以承受颠覆力矩；但刚度较差，摩擦力较大，制造、检验和维修都不方便。燕尾形导轨可用于运动速度不高、受力不大、高度尺寸受限制的场合。

d. 圆形导轨。圆形导轨制造方便，外圆采用磨削，内孔经过研磨，可达到精密配合，但磨损后很难调整和补偿间隙。圆柱形导轨有两个自由度，适用于同时做直线运动和转动的地方，若要限制转动，可在圆柱表面开键槽或加工出平面，但不能承受大的扭矩，也可采用双圆柱导轨。圆柱导轨用于承受轴向载荷的场合。

② 滑动导轨副的组合形式

a. 双三角形导轨。两条三角形导轨同时起支承和导向作用，如图 2-23 所示。由于结构对称，驱动元件可对称地放在两导轨中间，并且两条导轨磨损均匀，磨损后相对位置不变，能自动补偿垂直和水平方向的磨损，故导向性和精度保持性都高，接触刚度好。但工艺性差，对导轨的四个表面刮削或磨削也难以完全接触，如果床身和运动部件热变形不同，也很难保证四个面同时接触。因此双三角形导轨多用于精度要求较高的机床设备。

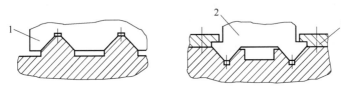

图 2-23 双三角形导轨
1—三角形导轨；2—V 形导轨；3—压板

b. 矩形和矩形组合。如图 2-24 所示，承载面 1 和导向面 2 分开。其制造与调整简单，导向面的间隙用镶条调节，接触刚度低。闭式结构有辅助导轨面 3，其间隙用压板调节。采用矩形和矩形组合时，应合理选择导向面。如图 2-24（a）所示，以两侧面作导向面时，间距 L_1 大，热变形大，要求间隙大，因而导向精度低，但承载能力大；若以内外侧面作导向面，如图 2-24（b）所示，其间距 L_2 较小，加工测量方便，容易获得较高的平行度，热变形小，可选用较小的间隙，因而导向精度高；两内侧面作导向面，如图 2-24（c）所示，导向面 2 对称分布在导轨中部，当传动件位于对称中心线上时，避免了由于牵引力与导向中心线不重合而引起的偏转，不致在改变运动方向时引起位置误差，故导向精度高。

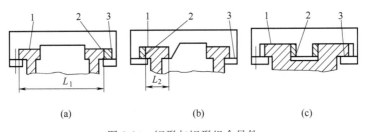

(a) (b) (c)

图 2-24 矩形与矩形组合导轨
1—承载面；2—导向面；3—辅助导轨面

c. 三角形和矩形组合。这种组合形式如图 2-25（a）所示，它兼有三角形导轨的导向性好、矩形导轨制造方便、刚性好等优点，并避免了由于热变形所引起的配合变化。但导轨磨损不均匀，一般是三角形导轨比矩形导轨磨损快，磨损后又不能通过调节来补偿，故对位置精度有影响。闭合导轨有压板面，能承受颠覆力矩。这种组合有 V、棱两种形式。V-矩组合导轨易储存润滑油，低、高速都能采用；棱-矩组合不能储存润滑油，只用于低速移动。

d. 三角形和平面导轨组合。这种组合形式的导轨如图 2-25（b）所示，它具有三角形和矩形组合导轨的基本特点，但由于没有闭合导轨装置，因此只能用于受力向下的场合。

对于三角形和矩形、三角形和平面组合导轨，由于三角形和矩形（或平面）导轨的摩擦阻力不相等，因此在布置牵引力的位置时，应使导轨的摩擦阻力的合力与牵引力在同一直线上，否则就会产生力矩，使三角形导轨对角接触，影响运动件的导向精度和运动的灵活性。

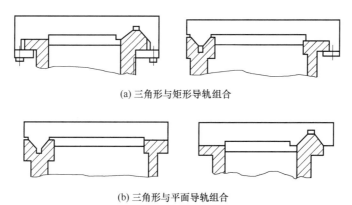

(a) 三角形与矩形导轨组合

(b) 三角形与平面导轨组合

图 2-25　三角形与矩形、平面导轨的组合

e. 燕尾形导轨及其组合。图 2-26（a）所示为整体式燕尾形导轨；图 2-26（b）所示为装配式燕尾形导轨，其特点是制造、调试方便；图 2-26（c）所示为燕尾与矩形组合，它兼有调整方便和能承受较大力矩的优点，多用于横梁、立柱和摇臂等导轨。

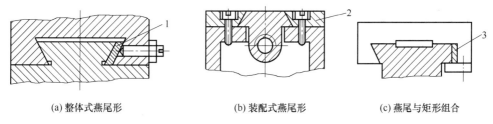

(a) 整体式燕尾形　　(b) 装配式燕尾形　　(c) 燕尾与矩形组合

图 2-26　燕尾形导轨及其组合的间隙调整

1—斜镶条；2—压板；3—直镶条

③ 滑动导轨副间隙的调整　为保证导轨正常工作，导轨滑动表面之间应保持适当的间隙。间隙过小，会增加摩擦阻力；间隙过大，会降低导向精度。导轨的间隙若依靠刮、研来保证，要费很大的劳动量，而且导轨经长期使用后，会因磨损而增大间隙需要及时调整，故导轨应有间隙调整装置。矩形导轨需要在垂直和水平两个方向上调整间隙。常用的调整方法有压板和镶条法两种方法，对燕尾形导轨可采用镶条（垫片）方法同时调整垂直和水平两个方向的间隙；对矩形导轨可采用修刮压板、修刮调整垫片的厚度或调整螺钉的方法进行间隙的调整。

采用斜镶条调整的优点：镶条两侧面与导轨面全部接触，故刚性好；斜镶条必须加工成斜形，因此制造困难，但使用可靠，调整方便，故应用较广。

三角形导轨的上滑动面能自动补偿，下滑动面的间隙调整和矩形导轨的下压板调整底面间隙相同。但圆形导轨的间隙不能调整。

④ 导轨面压强的计算　导轨的损坏形式主要是磨损，而磨损与导轨面的压强密切相关。此外，导轨面的接触变形也近似的与压强成正比。所以，在初步选定导轨的结构尺寸后，应根据受力情况，计算出导轨面的压强，使其在允许范围内。

(2) 静压导轨副工作原理

液体静压导轨是在导轨面的油腔中通入压力油使运动体浮起，工作过程中，油腔中的油压能随外载荷的变化自动调节，保证导轨面间始终处于纯液体润滑状态。其优点为：①摩擦系数极小，为 0.0005～0.001；②油膜厚度几乎不受速度的影响，即使在极低速时，导轨也不会产生爬行；③油膜刚度高，抗振动性能好。

静压导轨副的缺点是需要一套具有良好过滤效果的专用液压装置，结构较复杂。

液体静压导轨的工作原理类似于液体静压轴承，也有定压式和定量式两种供油方式，其中前者应用较广。但近年来，随着多头泵技术的发展，定量静压导轨在重型数控机床上应用越来越多。

静压导轨中，节流器大多采用毛细管式和薄膜反馈式，除开式导轨中应用的单面薄膜反馈节流器外，其余均与静压轴承中相同。

(3) 滚动导轨副的类型与选择

① 直线运动滚动导轨副的特点及要求　滚动导轨作为滚动摩擦副的一类，具有许多特点：a. 摩擦系数小（0.003～0.005），运动灵活；b. 动、静摩擦系数基本相同，因而启动阻力小，不易产生爬行；c. 预紧刚度高；d. 寿命长；e. 精度高；f. 润滑方便，可以采用脂润滑，一次装填，长期使用；g. 由专业厂生产，可以外购选用。因此，滚动导轨副广泛地被应用于精密机床、数控机床、测量机和测量仪器等。滚动导轨的缺点：导轨面与滚动体是点接触或线接触，所以抗振动性差，接触应力大；对导轨的表面硬度、表面形状精度和滚动体的尺寸精度要求高，若滚动体的直径不一致，导轨表面有高低，会使运动部件倾斜，产生振动，影响运动精度；结构复杂，制造困难，成本较高；对脏物比较敏感，必须有良好的防护装置。

对滚动导轨副的基本要求如下。

a. 导向精度。导向精度是导轨副最基本的性能指标。移动件在沿导轨运动时，不论有无载荷，都应保证移动轨迹的直线性及其位置的精确性。这是保证机床运行工作质量的关键。各种机床对导轨副本身平面度、垂直度及等高、等距的要求都有规定或标准。

b. 耐磨性。导轨副应在预定的使用期内，保持其导向精度。精密滚动导轨副的主要失效形式是磨损。因此，耐磨性是衡量滚动导轨副性能的主要指标之一。

c. 刚度。为了保证足够的刚度，应选用最合适的导轨类型、尺寸及其组合。选用可调间隙和预紧的导轨副可以提高刚度。

d. 工艺性。导轨副要便于装配、调整、测量、防尘、润滑和维修保养。

② 滚动导轨副的分类　直线运动滚动导轨副的滚动体有循环的和不循环的两种类型。根据直线运动导轨，这两种类型又将导轨副分成多种形式，如表 2-4 所示。

表 2-4　直线运动滚动导轨副的分类

循环形式	导轨副名称
滚动体不循环	滚珠导轨副
	滚针导轨副
	圆柱滚子导轨副
滚动体循环	滚动导轨副
	滚子导轨块
	滚动花键副
	直线运动球轴承及其支承件
	滚珠导轨块

a. 滚动体不循环的滚动导轨副　这类导轨中的滚珠导轨副［图 2-27（a）和（b）］的特点是摩擦阻力小，但承载能力差，刚度低；不能承受大的颠覆力矩和水平力；经常工作的滚珠接触部位容易压出凹坑，使导轨副丧失精度。这种导轨适用于载荷不超过 200N 的小型部件。设计时应注意尽量使驱动力和外加载荷作用点位于两条导轨副的中间。

滚针和滚柱导轨副［图 2-27（c）～（h）］的特点是承载能力比滚珠导轨副高近 10 倍；刚度也比滚珠导轨副高；其中交叉滚柱导轨副的［见图 2-27（e）］4 个方向均能受载，导向性能也高。但是，滚针和滚柱对导轨面的平行度误差比较敏感，且容易侧向偏移和滑动，引起磨损加剧。

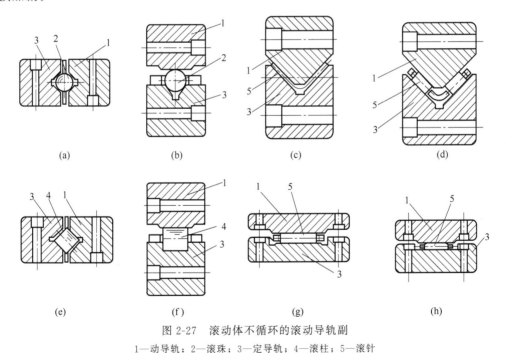

图 2-27　滚动体不循环的滚动导轨副
1—动导轨；2—滚珠；3—定导轨；4—滚柱；5—滚针

b. 滚动轴承导轨　滚动轴承导轨与滚珠滚柱导轨的主要区别：它不仅起着滚动体的作用，而且还代替了导轨。它的主要特点是摩擦力矩小，运动平稳、灵活，承载能力大，调节方便，导轨面积小，加工工艺性好，能长久地保持较高的精度，但其精度直接受到轴承精度的影响。滚动轴承导轨在精密机械设备和仪器中均有采用，如精缩机、万能工具显微镜、测长仪等。

图 2-28 所示是单头多步重复照相机中采用的滚动轴承导轨的结构。图中 1 为承导件（底座），它由两个垂直导轨面（a、b）和两个水平导轨面（A、B）、工作台 9 和轴承支架 4 等组成运动件。左边的垂直导轨面是保证传动精度的导向面，右边的垂直导轨面 a 起压紧作用，故左边两个轴承 8 的精度比右边两个轴承 6 的精度高。轴承 8 装在小轴 7 上，其中一根小轴是偏心的借以调节工作台运动方向与丝杠 12 轴线的平行度。轴承 6 固定在摆杆 5 上，摆杆转动中心 O_1 与轴承回转中心 O_2 有偏心。借助弹簧 10 的拉力，使摆杆始终有一个绕其本身回转中心 O 转动的趋向，从而使轴承 6 紧靠右边的垂直辅助导轨凸面上，并通过轴承支架 4，工作台 9 使轴承 8 与导向导轨面 a 产生一定的压力，保证导轨运动的直线性精度要求。运动件上的四个滚动轴承 3，分别固定在偏心轴 2 上，精确调整轴的偏心位置可以保证运动件的水平性。螺钉 11 是限位装置，它的端面和摆杆 5 的间隙很小，当导轨在大于拉簧允许的外力作用下，杠杆的臂与螺钉端面接触，避免工作台产生过大的偏转而影响导向精度或中断正常工作，使曝光的底版报废。

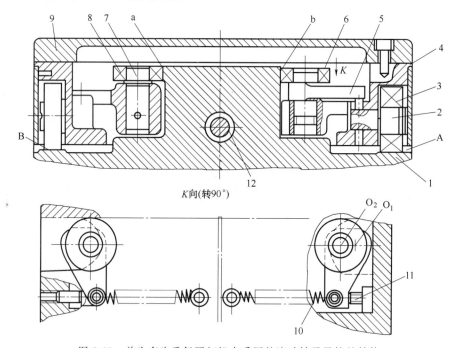

图 2-28　单头多步重复照相机中采用的滚动轴承导轨的结构

1—承导件；2—偏心轴；3—滚动轴承；4—轴承支架；5—摆杆；6—右轴承；7—小轴；8—左轴承；9—工作台；10—弹簧；11—螺钉；12—丝杠；a, b—垂直导轨面；A, B—水平导轨面；O_1—摆杆转动中心；O_2—轴承回转中心

用作导轨的滚动轴承与轴承厂制造的标准轴承有所不同，标准滚动轴承是外环固定，内环旋转，而用作导轨的轴承恰好相反。且轴承内外环比标准轴承厚，精度更高，如三坐标测量机和万能工具显微镜用的滚动轴承的径向跳动量要求在 0.5～1μm 之间，而轴承厂供应的最精密轴承，其径向跳动达 2～3μm，故只能用在导轨中作压紧作用，用作导向与支承的滚动轴承，需专门制造。

2.1.2.4　机械执行机构

机电一体化系统以对输入的能量、物质或信息进行传递、处理、转换、保存等为功能目的，最为常见的是生产过程中的物流和加工。执行机构的作用是将传动机构传递过来的运动和动力进行必要的传递或变换,以使机电一体化系统实现预期功能(运动和动作)的要求,比如夹持、搬运、焊接、包装等。执行机构是实现系统目的功能的重要环节,其选型与设计将直接影响整个机电一体化系统的性能、结构、尺寸和重量等,因此要求其应具有响应速度快、动态特性好、动静态精度高、动作灵敏度高等特点。另外,为便于集中控制还应满足效率高、体积小、质量轻、自控性强、可靠性高等要求。为实现不同的目的功能,需要采用不同的执行机构,其中有机械、电动、液动、气动、电液等,本节主要介绍几种在机电一体化产品中常用的机械执行机构。

(1) 数控机床回转刀架

数控机床回转刀架是在一定空间范围内,能使刀架执行自动松开、转位、精密定位等一系列动作的机构。数控车床的刀架是机床的重要组成部分,其结构直接影响机床的切削性能和工作效率。回转式刀架上的各种回转头刀座用于安装和支持各种不同用途的刀具,通过回转头的旋转、分度和定位,实现机床的自动换刀。回转刀架分度准确,定位可靠,重复定位精度高,转位速度快,夹紧性好,可以保证数控车床的高精度和高效率。

回转刀架在结构上必须具有良好的强度和刚度,以承受粗加工时切削抗力和减小刀架在切削力作用下的位移变形,提高加工精度。由于车削加工精度在很大程度上取决于刀尖位置,对于数控车床来说,加工过程中刀架不进行人工调整因此更有必要选择可靠的定位方案和合理的定位结构,以保证回转刀架在每次转位之后具有高的重复定位精度(一般为0.001~0.005mm)。

按照回转刀架的回转轴相对于机床主轴的位置,回转刀架可分为立式和卧式两种。立式回转刀架的回转轴垂直于机床主轴,有四方刀架和六方刀架等,多用于经济型数控车床上。卧式回转刀架的回转轴与机床主轴平行,径向与轴向都可以安装刀具。

按照工作原理,立式回转刀架可分为机械螺母升降转位、十字槽轮转位、凸台棘爪式、电磁式及液压式等多种工作方式,但其换刀的过程一般为刀架抬起、刀架转位、刀架压紧并定位等步骤。图2-29所示为一螺旋升降式四方刀架,其换刀过程如下。

① 刀架抬起 当数控装置发出换刀指令后,电动机15正转,并经联轴套9、轴10,由滑键(或花键)带动涡杆11。涡轮2轴1、轴套7转动。轴套7的外图上有两处凸起,可在套筒6内孔中的螺旋槽内滑动,从而举起与套筒6相连的刀架5及上端齿盘4,使齿盘4和下端齿盘3分开,完成刀架抬起动作。

② 刀架转位 刀架抬起后轴套7仍在继续转动,同时带动刀架5转过90°。(如不到位,刀架还继续转动180°、270°、360°),并由压缩开关12发出信号给数控装置。

③ 刀架压紧 刀架转位后,由压缩开关发出信号使电动机15反转,销8使刀架5定位而不随轴套7回转。刀架5向下移动上下端齿盘合拢压紧。涡杆11继续转动产生轴向位移,压缩弹簧14、套筒13的外圆曲面和压缩开关12使电动机15停止旋转,从而完成一次转位。回转刀架除了采用液压缸驱动转位和定位销定位外,还可以采用电动机十字槽轮机构转位和鼠盘定位,以及其他转位和定位机构。

(2) 工业机器人末端执行器

工业机器人是一种自动控制,可重复编程,多功能、多自由度的操作机,是搬运物料、工件或操作工具以及完成其他各种作业的机电一体化设备。工业机器人末端执行器装在操作机手腕的前端,是直接实现操作功能的机构。末端执行器因用途不同而结构各异,一般可分为四大类:机械夹持器、特种末端执行器、工具型末端执行器和万能手(或灵巧手)。

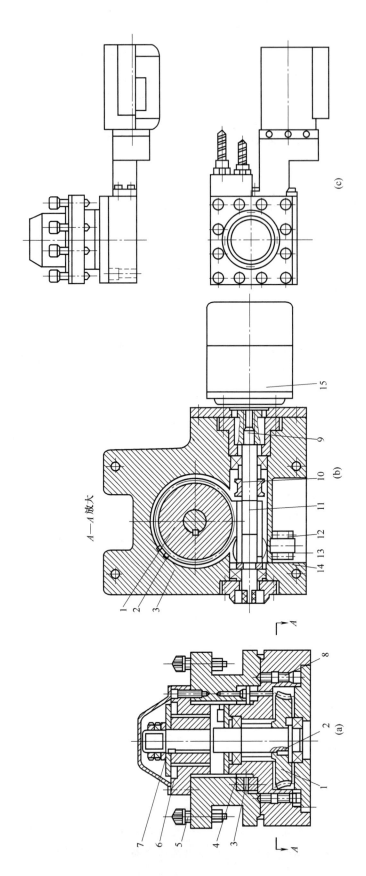

图 2-29 螺旋升降式四方刀架

1、10—轴；2—涡轮；3—下端齿盘；4—上端齿盘；5—刀架；6、13—套筒；7—轴套；8—销；9—联轴套；11—涡杆；12—压缩开关；14—压缩弹簧；15—电动机

50　机电一体化技术

① 机械夹持器　机械夹持器是工业机器人中最常用的一种末端执行器。

a. 机械夹持器应具备的基本功能。首先，应具有夹持和松开的功能，夹持器夹持工件时，应有一定的力约束和形状约束，以保证被夹工件在移动、停留和装入过程中，不改变姿态。当需要松开工件时，应完全松开。另外，还应保证工件夹持姿态出现的几何偏差在给定的公差带内。

b. 分类和结构形式。机械夹持器常用压缩空气作为动力源，经传动机构实现手指的运动。根据手指夹持工件时运动轨迹的不同，机械夹持器分为以下两种。

ⓐ 圆弧开合型。在传动机构带动下，手指指端的运动轨迹为圆弧，如图 2-30（a）所示，采用凸轮机构。夹持器工作时，两手指绕支点做圆弧运动，同时对工件进行夹紧和定心。这类夹持器对工件被夹持部位的尺寸有严格要求，否则可能会造成工件状态失常。圆弧平行开合型这类夹持器两手指工作时做平行开合运动，而指端运动轨迹为一圆弧。图 2-30（b）所示为夹持器采用平行四边形传动机构带动手指做平行开合运动时指端后退的情况。

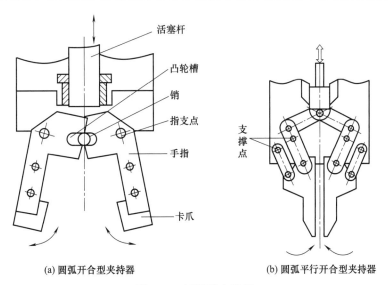

(a) 圆弧开合型夹持器　　　(b) 圆弧平行开合型夹持器

图 2-30　圆弧形夹持器

ⓑ 直线平行开合型。这类夹持器两手指的运动轨迹为直线，且两指夹持面始终保持平行，一种采用凸轮机构实现两手指的平行开合，在各指的滑动块上开有斜形凸轮槽，当活塞杆上下运动时，通过装在其末端的滚子在凸轮槽中运动，实现手指的平行夹持运动。另一种采用齿轮齿条机构，当活塞杆末端的齿条带动齿轮旋转时，手指上的齿条做直线运动，从而使两手指平行开合，以夹持工件。

夹持器根据作业的需要形式繁多，有时为了抓取形体特别复杂的工件，还设计有特种手指机构的夹持器，如具有钢丝绳滑轮机构的多关节柔性手指夹持器、膨胀式橡胶手套手指夹持器等。

机械夹持器通常利用手指或卡爪与工件接触面间的摩擦力来夹持工件。工件在被夹持过程中，从静止状态开始可能有多种运动状态。在不同运动状态下，工件的受力情况是不同的，如当工件处于静止或匀速移动状态下，工件除与卡爪的作用力外，还承受其自重。当工件加速运动时，其受力情况还应考虑惯性的影响。因此在设计时，应对夹持器的各种工作状态进行分析，使其结构能够提供所必需的夹持力（即手指或卡爪夹持工件时对工件接触处的正压力）。在设计机械夹持器时，应使其结构所提供的指端或卡爪的夹持力能保证工件在运动过程中不滑落，即结构所提供的夹持力不小于工件在夹持过程中所需的最大夹持力。因此无论夹持器的结构如何设计，都需对其进行受力分析，以确定结构所能提供的夹持力。

② 特种末端执行器　特种末端执行器供工业机器人完成某类特定的作业。真空吸附手如图 2-31（a）所示，工业机器人中常把真空吸附手与负压发生器组成一个工作系统。控制电磁换向阀的开合可实现对工件的吸附和脱开。真空吸附手结构简单，价格低廉，且进行吸附作业时具有一定柔顺性，这样即使工件有尺寸偏差和位置偏差，也不会影响吸附手的工作。真空吸附手常用于小件搬运，也可根据工件形状、尺寸、质量的不同将多个真空吸附手组合使用。

电磁吸附手，如图 2-31（b）所示，利用通电线圈的磁场对可磁化材料的作用力来实现对工件的吸附作用，具有结构简单、价格低廉等特点，但其最特殊的是：吸附工件的过程是从不接触工件开始的，工件与吸附手接触之前处于飘浮状态，即吸附过程由极大的柔顺状态突变到较低的柔顺状态。这种吸附手的吸附力由通电线圈的磁场提供，所以可用于搬运较大的使用可磁化材料的工件。

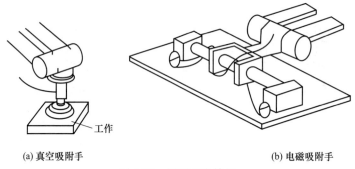

(a) 真空吸附手　　(b) 电磁吸附手

图 2-31　圆弧形夹持器

③ 工具型末端执行器　工具型末端执行器是指机器人手臂运动或定位时，自身能进行工作的末端执行器，如弧焊枪、点焊枪、喷砂器、清毛刺器、砂轮、成形铣、钻孔器、喷枪、涂胶枪、自动拧螺钉装置、激光切割器和水射流枪等。图 2-32 所示为一些常见的工具型末端执行器。

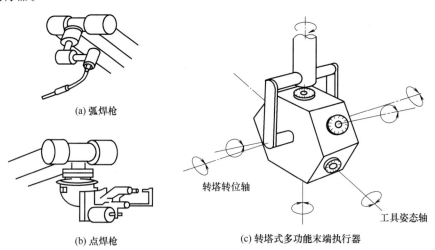

图 2-32　工具型末端执行器

④ 灵巧手 简单的两指单一自由度夹持不能适应物体外形的变化，不能对物体施加任意方向的微小位移，不能控制夹持器在抓取物体时的夹持内力。灵巧手是一种模仿人手制作的多指关节的机器人末端执行器，可以适应物体外形的变化对物体施加任意方向、任意大小的夹持力，可满足对任意形状、不同材质物体的操作和抓持要求，但由于其控制、操作系统技术难度较大，虽然目前国内外对其研究十分重视但仍处于研制阶段。图2-33所示为灵巧手的一个实例。

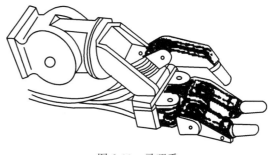

图 2-33 灵巧手

【学习小结】

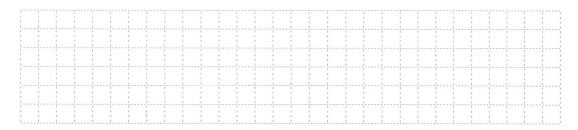

2.1.3 任务实施

2.1.3.1 滚动导轨应用案例的认知

为满足工业化进程对机床的高要求，机床越来越多地采用了滚动导轨等滚动元件导向系统，这使传统的每分钟几米的快速进退速度提高到十几米甚至几十米。滚动导轨的采用大大地提高了机床生产率，在其有效寿命期间，机床几乎很少维修，可以连续运行，如图2-34所示。

机床在设计与制造时，必须注意下述几个方面。

（1）机床应有较高的抗振动性

采用滚动导轨的机床极易产生振动，运动部件的高速进退，使机床床身受到很大的冲击，滚动导轨副阻尼极低，抗振动性能很差，这周期性的冲击极易使机床产生振动而导致加工表面产生形状误差和波纹，尤其是磨床或高精度机床，其影响更为明显，而对闭环伺服控制系统还可能导致系统的不稳定。

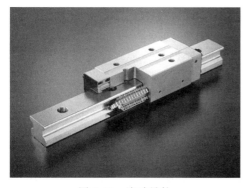

图 2-34 滚动导轨

采用滚动导轨的机床振动模型与无阻尼受迫振动近似，此模型可以用动量守恒和能量守恒原理来近似求解：

$$A_{max}=\frac{m}{\sqrt{(M+m)k}}v \qquad (2-5)$$

式中 m——运动部件的质量；

M——机床本体的质量；

k——机床的静刚性;

v——运动部件快速进退速度;

$A_{\max}$——机床最大振幅。

由上式可以看出,减小 m 和增大 M、增加 k 皆可减小机床的最大振幅 $A_{\max}$,而增大机床本体重量的方法却较少使用,因为增大机床本体 M 会降低机床的固有频率 $\omega_n \left(\omega_n = \frac{1}{2\pi}\sqrt{\frac{k}{m}} \right)$,使机床共振频率偏低,对消除谐振不利,因此单纯用增加壁厚的办法来提高机床刚性,对提高机床的抗振性是没有帮助的。设计时应注意提高单位质量的静刚性,如增加适当的加强筋,合理安排断面形状和尺寸,尽量减小床身表面的开窗面积,提高机床与地基连接处的刚性等。

(2) 机床应注意合理增加阻尼,提高动刚度

增加机床阻尼的方案很多,如在机床外壁上附加一层具有高内阻的黏弹性材料——由沥青制成的高分子聚合物和油漆腻子等;在结构中嵌入黏弹性阻尼材料;将型砂保留在铸件内或将专门的细铁丸封闭在铸件内。据资料介绍,德国 INA 轴承公司生产的 RUE 滚柱导向系统,在二导轨间增加一中间阻尼靴(滑座),此滑座内表面喷除了一种滑动支承材料,与所有导向表面都形成 $30\mu m$ 的挤压油膜间隙,其阻尼减振效果良好。

(3) 机床进给系统应有足够的进给刚度

滚动导轨的滑动摩擦系数 $f=0.003\sim0.004$,而传统的贴塑导轨 $f=0.04$,铸铁导轨 $f=0.12$,可见滚动导轨的摩擦阻力仅为传统导轨的 $1/30\sim1/10$。就滚动导轨而言,很小的进给力就能推动滑台,其运动也是轻便平稳的,但若进给系统的刚性差就会造成滑台的爬行、窜动,这种爬行与传统的爬行完全是两回事,它不是由于导轨面的摩擦引起的,而是由系统的进给刚度较差导致的,因此解决的方法也完全不同,应着重提高系统的稳定性。当进给系统为油缸推动时,油缸中活塞受密封圈及其安装槽和油液波动的影响,活塞的爬行导致滑台的爬行。常用的解决措施有:选用摩擦系数小、密封性能好的密封圈(如由聚四氟乙烯为基体的复合材料制成的格莱圈、斯特封等),并严格控制其沟槽尺寸公差及其加工表面的表面粗糙度;注意主油路上油泵的合理选取,使泵的工作区间压力变化平稳,无波动、脉动;重视液压系统的管路布置,尽量减少直角弯管及其对液流的不稳定影响;增加蓄能器以减少系统的压力波动等,尽可能地采用专门的液压油而不是使用性能较差的机油作为介质。若为滚珠丝杠推动,则应注意满足惯量匹配,尽量减小运动部件的惯量;若滚珠丝杠间隙过大也易产生窜动,应定期预紧滚珠丝杠以保持其稳定的刚性;滚珠丝杠不自锁,结构上应考虑滚珠丝杠的锁紧、固定,或直接采用带制动器的伺服电机等。

2.1.3.2 滚珠丝杠副应用案例的认知

(1) 高精度滚珠丝杠

通常我们为国内主要机床企业提供的直径在 $63\sim125mm$ 的丝杠中,其单根无对接长度可以达到 13m,精度在 IT3~IT5 之间。在滚珠丝杠制造领域中一个无法回避的难题就是随着丝杠长度的增加,相应的丝杠精度就会下降,滚珠丝杠如图 2-35 所示。例如,在最初与大连瓦机数控机床有限公司的接洽过程中,他们也表现出了这种担心,因为制造的出口用机床对于

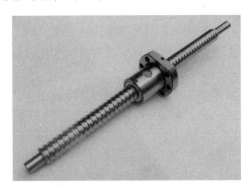

图 2-35 滚珠丝杠

大规格滚珠丝杠的精度要求很高，对每个导程的误差也会提出相应的要求。柯尔特公司滚珠丝杠的精度较高，其消除了用户的后顾之忧，满足了机床的使用要求，其直径为63～100mm系列的大规格高精度滚珠丝杠无论是质量还是价格，都具有很强的竞争力。

（2）大规格滚珠丝杠

青海华鼎重型机床厂使用的直径100mm、长度11m的单根无对接滚珠丝杠，是典型的不用对接的超长滚珠丝杠，无论是在精度要求和产品寿命上都远高于对接丝杠。

（3）重载荷滚珠丝杠

重载荷滚珠丝杠随着国内主要机床企业的发展壮大，设计研发水平也不断提高，在滚珠丝杠的选用上逐渐趋向高精度、重载荷、超长度和大导程。拥有30多年制造滚珠丝杠经验的西班牙柯尔特滚珠丝杠正是顺应了国内市场的需求，为国内企业提供了质量过硬的产品及良好的服务，在大规格丝杠领域继续保持领先优势。武汉重型机床厂数控双龙门移动镗铣床提供的直径160mm、长度7.7m、精度IT5级的丝杠是迄今为止为国内用户提供的最大规格的滚珠丝杠产品，其静载荷达250t，动载荷达52t。

（4）螺母旋转型滚珠丝杠

随着现代制造技术的突飞猛进，一批又一批的高速数控机床应运而生。其不仅要求有性能卓越的高速主轴，而且也对进给系统提出了很高的要求。高速滚珠丝杠副是指能适应高速化要求、满足承载要求且能精密定位的滚珠丝杠副，是实现数控机床高速化的首选传动与定位部件。数控机床中的滚珠丝杠常在预计载荷大、转速高以及散热差的条件下工作，因此丝杠更容易发热。滚珠丝杠热生产造成的后果是非常严重的，尤其是在开环系统中，这会使进给系统丧失定位精度。传统的滚珠丝杠是由伺服电机驱动的丝杠带动螺母及工件运动的。

2.1.3.3 轴承应用案例的认知

（1）深沟球轴承

深沟球轴承轴系用球轴承有单列向心球轴承和角接触球轴承。前者一般仅能承受较小的轴向力，且间隙不能调整，常用于旋转精度和刚度要求不高的场合。后者既能承受径向载荷也能承受轴向载荷，并且可以通过内、外圈之间的相对位移来调整其间隙大小，是最具代表性的滚动轴承，用途广泛。深沟球轴承如图2-36所示。

主要用途如下。

① 汽车：后轮、变速器、电气装置部件。

② 电器：通用电动机、家用电器。

③ 其他：仪表、内燃机、建筑机械、铁路车辆、装卸搬运机械、农业机械、各种产业机械。

（2）角接触球轴承

套圈与球之间有接触角，标准的接触角为15°、30°和40°，接触角越大轴向负荷能力也越大，接触角越小则越有利于高速旋转。单列轴承可承受径向负荷与单向轴向负荷，背对背双联（DB）组合、面对面双联（DF）组合及双列轴承可承受径向负荷与双向轴向负荷，串联（DT）组合适用单向轴向负荷较大、单个轴承的额定负荷不足的场合。

(a) 单列深沟球轴承　　(b) 双列深沟球轴承

图2-36　深沟球轴承

高速用 ACH 型轴承球径小、球数多,大多用于机床主轴;角接触球轴承适用于高速及高精度旋转,结构上为背面组合的两个单列角接触球轴承共用内圈与外圈,可承受径向负荷与双向轴向负荷,无装填槽轴承也有密封型,如图 2-37 所示。

主要适用的保持架:钢板冲压保持架[碗形(单列)、S 形、冠形(双列)]、铜合金或酚醛树脂切制保持架、合成树脂成形保持架。

主要用途:

① 单列主要用于机床主轴、高频马达、燃气轮机、离心分离机、小型汽车前轮、差速器小齿轮轴;

② 双列主要用于油泵、罗茨鼓风机、空气压缩机、各类变速器、燃料喷射泵、印刷机械。

(3) 圆柱滚子轴承

圆柱滚子与滚道呈线接触,径向负荷能力大,即适用于承受重负荷与冲击负荷,也适用于高速旋转 N 型及 NU 型可轴向移动,能适应因热膨胀或安装误差引起的轴与外壳相对位置的变化,最适应用作自由端轴承 NJ 型及 NF 型可承受一定程度的单向轴向负荷,NH 型及 NUP 型可承受一定程度的双向轴向负荷内圈或外圈可分离,便于装拆 NNU 型及 NN 型抗径向负荷的刚性强,大多用于机床主轴。圆柱滚子轴承如图 2-38 所示。

图 2-37 角接触球轴承

图 2-38 圆柱滚子轴承

主要适用的保持架:钢板冲压保持架(Z 形)、铜合金切制保持架、销式保持架、合成树脂成形保持架。

主要用途:中型及大型电动机、发电机、内燃机、燃气轮机、机床主轴、减速装置、装卸搬运机械、各类产业机械。

2.1.3.4 自动供料机构的认知

供料单元的主要结构:工件装料管、工件推出装置、支撑架、阀组、端子排组件、PLC、急停按钮和启动/停止按钮、走线槽、底板等。其中,机械部分结构组成如图 2-39 所示。

其中,工件装料管和工件推出装置用于储存工件原料,并在需要时将料仓中最下层的工件推出到出料台上。它主要由管形料仓、推料气缸、顶料气缸、磁感应接近开关、漫射式光电传感器组成。

供料部分的工作原理:工件垂直叠放在料仓中,推料缸处于料仓的底层并且其活塞杆可从料仓的底部通过,操作示意图如图 2-40 所示。当活塞杆在退回位置时,它与最下层工件处于同一水平位置,而顶料气缸则与次下层工件处于同一水平位置。在需要将工件推出到物

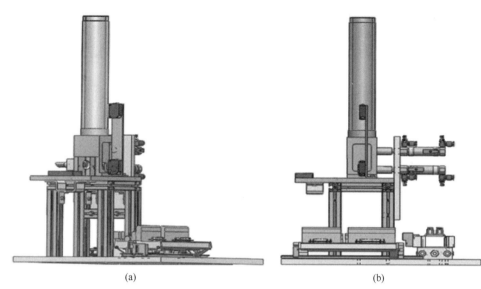

图 2-39 自动供料机构的机械部分

料台上时,首先使夹紧气缸的活塞杆推出,压住次下层工件;然后使推料气缸活塞杆推出,从而把最下层工件推到物料台上。在推料气缸返回并从料仓底部抽出后,再使夹紧气缸返回,松开次下层工件。这样,料仓中的工件在重力的作用下,就自动向下移动一个工件,为下一次推出工件做好准备。在底座和管形料仓第 4 层工件位置,分别安装一个漫射式光电开关。它们的功能是检测料仓中有无储料或储料是否足够。若该部分机构内没有工件,则处于底层和第 4 层位置的两个漫射式光电接近开关均处于常态;若仅在底层起有 3 个工件,则底层处光电接近开关动作而第 4 层处光电接近开关常态,表明工件已经快用完了。这样,料仓中有无储料或储料是否足够,就可用这两个光电接近开关的信号状态反映出来。推料缸把工件推出到出料台上。出料台面开有小孔,出料台下面设有一个圆柱形漫射式光电接近开关,工作时向上发出光线,从而透过小孔检测是否有工件存在,以便向系统提供本单元出料台有无工件的信号。在输送单元的控制程序中,就可以利用该信号状态来判断是否需要驱动机械手装置来抓取此工件。

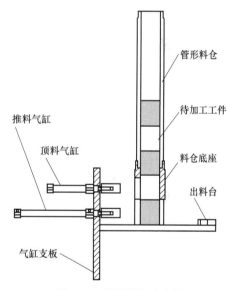

图 2-40 供料操作示意图

任务 2.2 PLC 在机电一体化系统中的应用认知

2.2.1 任务目标

(1) 掌握 PLC 基本组成、工作原理及其外部接口特性。

(2) 能够根据控制系统的工艺要求,确定数字量、模拟量的输入输出点及其选择原则,进而能够进行 PLC 型号的初步选定。

(3) 熟悉 PLC 的通信接口协议及网络编程指令,并掌握通信网络编程调试的一般步骤方法。

【任务导入】

可编程逻辑控制器 (PLC),是在继电器控制和计算机技术的基础上开发出来的,并逐渐发展成自动控制系统常用的控制器,试列出市场上主流 PLC 的品牌(如西门子 SIEMENS),以某一品牌型号为例,说明 PLC 的组成结构、工作过程及编程方法,并尝试探讨以 PLC 为核心的自动控制系统的一般设计方法步骤。

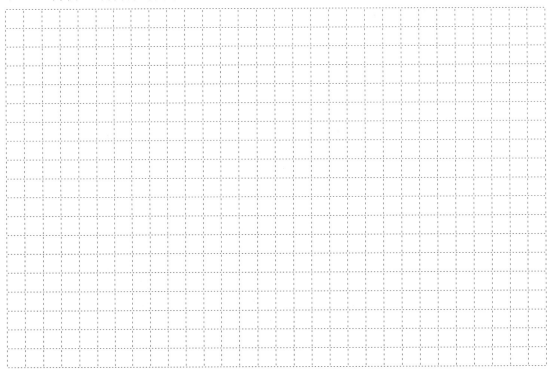

2.2.2 知识技术准备

2.2.2.1 PLC 的产生

(1) PLC 的产生概述

PLC 是可编程逻辑控制器 (Programmable Logic Controller) 的简称,它是在继电器控制和计算机技术的基础上开发出来的,并逐渐发展成以微处理器为核心,集计算机技术、自动控制技术及通信技术于一体的一种新型工业控制装置。目前 PLC 已基本取代了传统的继电器控制,成为工业自动控制领域中最重要、应用最多的控制装置。

在 PLC 产生前,继电器控制在工业控制领域中占据主导地位,但是继电器控制系统采用的固定接线方式具有明显的缺点,一旦生产要求及生产过程发生变化,必须重新设计线路,重新接线安装,不利于产品的更新换代。此外,继电器控制还有可靠性低、通用性差、体积大、检修困难等弊端。现代社会制造工业竞争激烈,产品更新换代频繁,迫切需要一种新的更先进的"柔性"的控制系统来取代传统的继电器控制系统。

1968年，美国通用汽车公司（GM）为了增加产品的市场竞争力，满足不断更新的汽车型号的需要，率先提出用于汽车生产线控制的10条要求，并向制造商招标，这就是著名的"GM 10条"，具体要求如下。

① 编程方便，可在现场修改程序。
② 维护方便，最好是插件式结构。
③ 可靠性高于继电器控制柜。
④ 体积小于继电器控制柜。
⑤ 成本可与继电器控制柜竞争。
⑥ 数据可以直接输入管理计算机。
⑦ 可以直接用交流115V输入。
⑧ 通用性强，系统扩展方便，变动最少。
⑨ 用户存储器容量大于4KB。
⑩ 输出为交流115V，负载电流要求在2A以上，可直接驱动电磁阀和交流接触器等。

上述"GM 10条"可归纳为四点：①用计算机代替继电器控制；②用程序来代替硬连线；③输入/输出电平可与外部装置直接连接；④结构可扩展。美国数字设备公司（DEC）根据以上要求，于1969年研制出了第一台可编程控制器PDP-14，并在美国通用汽车公司的生产线上试用成功，可编程控制器自此诞生。

图2-41所示为继电器和PLC控制系统的实际案例。

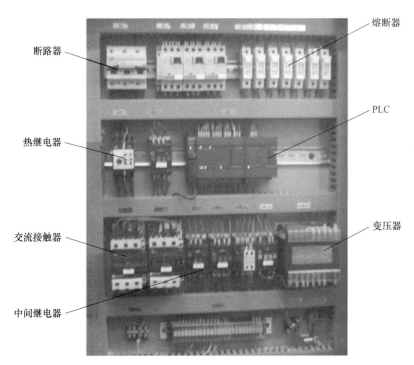

图2-41 继电器与PLC控制系统的实际案例

通过图2-41易见，相比传统的继电器控制系统，PLC控制系统的布线更为简洁，维护更为方便，此外它还具有以下特点。

① 最重要的特点——"可编程" PLC组成的控制系统中,控制逻辑的改变不是取决于硬件的改变,而是取决于程序的改变,即硬件柔性化,进而使整个系统柔性化。

② 可靠性高,抗干扰能力强

a. 硬件方面:光电隔离,提高抗干扰能力;采用电磁屏蔽,提高防辐射性能;I/O线路考虑硬件滤波;电源考虑抗干扰,系统合理配置地线;与软件配合有自诊断电路;模块结构易修复;采用电源后备和冗余技术。

b. 软件方面:设置watchdog警戒时钟,防止程序"跑飞";对程序重要参数进行检查和校验;对程序及动态数据采用后备电池;有自诊断、报警、数字滤波功能,最新技术可做到对传感器、执行器进行在线诊断;采用具有抗干扰功能的扫描工作方式。

c. 编程语言(梯形图)简单、易学、易懂、易接受。

d. 控制能力强。

e. 控制系统结构简单,通用性强。采用模块化结构,组合灵活方便,扩展及外部连接方便。

f. 体积小,维护操作方便。

g. 设计、施工、调试周期短。

(2) PLC的主要功能与应用场合

① 开关量逻辑控制 开关量逻辑控制是可编程序控制器最基本的控制功能,在工业场合应用最广泛,可代替继电器控制系统。开关量逻辑控制不但能用于单台设备,而且可用于生产线上。

② 过程控制 PLC通过模拟量I/O模块,可对温度、流量、压力等连续变化的模拟量进行控制。大中型PLC都具有PID闭环控制功能并已广泛地用于电力、化工、机械、冶金等行业。

③ 运动控制 PLC可应用于对直线运动或圆周运动的控制,如数控机床、机器人、金属加工过程、电梯控制等。

(3) 各公司PLC产品家族

我国市场上流行的PLC产品,按照地域大致可以分成三大流派:美系PLC、德系(欧洲) PLC和日系PLC,下面简要对其家族产品进行介绍,如图2-42所示。

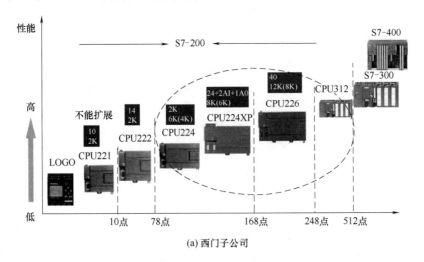

(a) 西门子公司

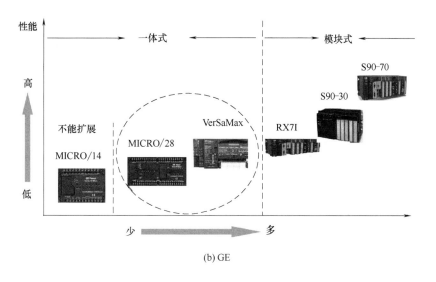

(b) GE

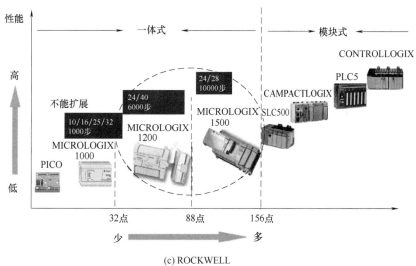

(c) ROCKWELL

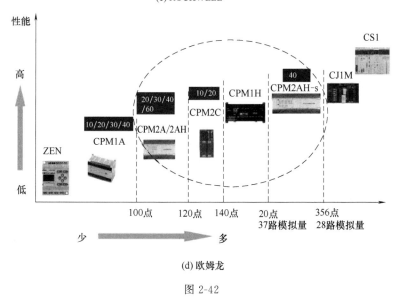

(d) 欧姆龙

图 2-42

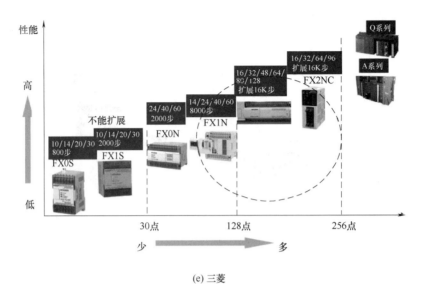

(e) 三菱

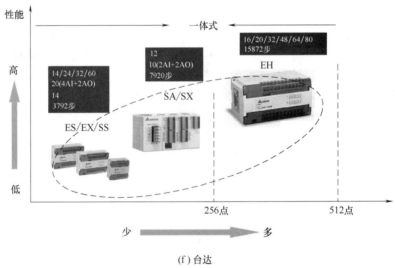

(f) 台达

图 2-42 各公司 PLC 产品家族

以上各公司部分产品新型号未在图中列出，如西门子公司的 S7-1200、S7-1500 系列等。

2.2.2.2 PLC 基本组成

PLC 由硬件和软件两大部分组成，其中，硬件部分包括中央处理单元、存储器、输入接口电路、输出接口电路、电源等，如图 2-43 所示。软件部分包括系统程序和用户程序。系统程序是管理 PLC 的各种资源、控制各硬件的正常动作、协调硬件间的关系的一组程序。用户程序则是使用者根据生产工艺要求编写的控制程序。

（1）中央处理单元

PLC 中央处理单元（简称 CPU 单元）的运算和控制中心，能够实现算术和逻辑运算，并能控制其他部件的操作。

（2）存储器

存储器包括程序存储器和用户存储器。程序存储器用来存放系统管理程序、监控程序及系统内部数据，PLC 出厂前已经固化，用户不能更改。用户存储器用来存放用户开发编制

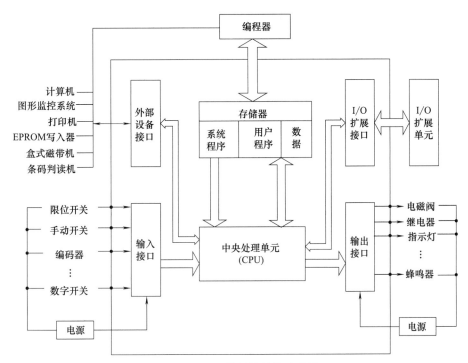

图 2-43 PLC 的硬件结构示意图

的程序及程序运行工作中的数据。

（3）输入/输出单元

输入/输出单元常常被简称为 I/O 单元，I/O 单元是 CPU 与现场 I/O 装置或其他外部设备之间的连接部件，一般采用光电隔离结构，其功能是将外部输入信号变换为 CPU 能处理的信号，或将 CPU 的输出信号变换为需要的控制信号去驱动控制对象。按照处理信号的形式可分为两种类型：开关量 I/O 单元和模拟量 I/O 单元，具体如下。

① 开关量输入单元　开关量输入单元（简写 DI 单元）的功能是将现场各种开关信号变成 PLC 能够处理的标准信号，可分为直流开关量输入单元和交流开关量输入单元，如图 2-44 所示。

② 开关量输出单元　开关量输出单元（简写 DO 单元）电路包括继电器输出接口电路、晶体管输出接口电路和晶闸管输出接口电路，能够满足不同负载工作电路要求，可根据不同的工作需要进行选择，其电路原理图如图 2-45 所示。

③ 模拟量输入/输出单元　模拟量输入/输出单元（简写 AI/AO 单元）在过程控制中的应用很广，如温度、压力、速度、流量、酸碱度、位移等各种工业检测都是对应于电压、电流的模拟量值，再通过一定的运算算法（如常用的 PID 算法），达到控制生产过程的目的。模拟量输入/输出单元（AI/AO）一般由光耦合器、D/A 转换器和信号转换电路组成。模拟量输入 AI 单元一般由滤波器、A/D 转换器和光耦合器组成。模拟量输出 AO 单元的作用是把 PLC 运算处理后的若干位数字量信号转换成相应的模拟量信号输出，以满足生产现场连续信号的控制要求。

④ 输入/输出（I/O）单元扩展接口　当 PLC 本体单元的 I/O 点数不能满足需要时，可通过此接口将 I/O 扩展单元与 PLC 本体相连，以扩展增加 I/O 点数，其最大扩展能力是受

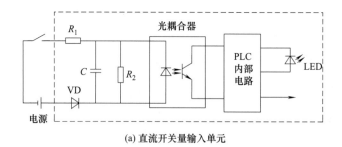

(a) 直流开关量输入单元

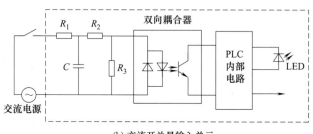

(b) 交流开关量输入单元

图 2-44　直流和交流开关量输入单元电路原理图

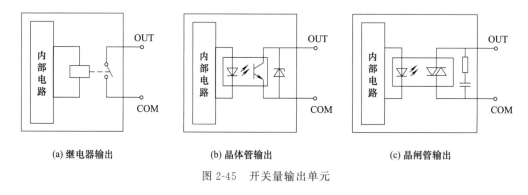

(a) 继电器输出　　　　(b) 晶体管输出　　　　(c) 晶闸管输出

图 2-45　开关量输出单元

PLC 的 CPU 寻址能力和本体驱动能力的限制。

（4）电源

PLC 的电源是指将外部输入的交流电处理后转换成满足 PLC 各组成部分正常的直流电源电路或电源模块，通常为 24V DC 或 220V AC。

（5）编程器

编程器可分为两类：一类是专用的编程器，适合工业控制现场使用，有手持的、台式的，也有的 PLC 机身自带编程器；另一类是在个人计算机上运行与 PLC 配套的编程软件，后者应用更为广泛。

2.2.2.3　PLC 工作原理

与传统的继电-接触器控制系统采用硬逻辑并行运行的工作方式不同，PLC 采用周期循环扫描、集中输入/输出的工作方式。两者的区别在于：在传统的继电-接触器控制系统中，如果一个继电器线圈得电或失电，该继电器的所有触点都会立即动作；而 PLC 控制系统中，如果一个输出线圈或逻辑线圈接通或断开，该线圈的所有触点不会立即动作，必须等 CPU 扫描到该触点时才会动作。

一般来说，PLC 的一个完整扫描周期包括公共处理、通信服务、输入采样、程序执行、输出刷新等五个阶段，在运行期间，PLC 一直以一定的扫描速度重复执行上述的扫描过程，后三个阶段信号执行过程如图 2-46 所示。

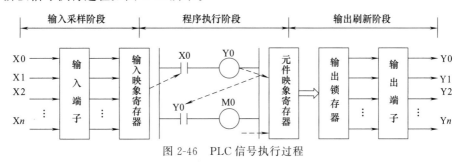

图 2-46　PLC 信号执行过程

由图 2-46 可知，后三个阶段信号执行过程如下。

① 输入采样阶段　首先按顺序将所有暂存在输入锁存器中的输入端子的通断状态或输入数据读入，然后将其写入各对应的输入状态寄存器中，即刷新输入。最后，关闭输入端口，进入程序执行阶段。

② 程序执行阶段　按用户编制的程序指令存放的先后顺序，逐个扫描执行每条指令，经相应的运算和处理后，再将其结果写入输出状态寄存器中，输出状态寄存器中所有的内容随着程序的执行而改变，进入输出刷新阶段。

③ 输出刷新阶段　当所有指令执行完毕，输出状态寄存器的状态在输出刷新阶段送至输出锁存器中，并通过一定的方式（继电器、晶体管或晶闸管）输出，驱动相应的外部设备进行工作。

2.2.2.4　电气控制与 PLC 技术

目前，虽然企业在自动生产线、自动装配线、加工机床等这些设备中广泛采用了以可编程序控制器等现代技术为核心的控制系统，但也有很大一部分小型设备仍然采用继电-接触器控制系统。下面，我们以三相交流异步电动机的点动和自锁控制电路为例，介绍继电-接触器电气控制系统与 PLC 控制系统的设计，并比较两种控制系统的区别。

图 2-47 所示为三相异步电动机点动、长动运行的继电-接触器电气控制电路，电路具体

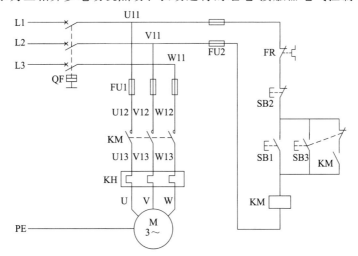

图 2-47　三相异步电动机点动、长动运行的继电-接触器电气控制电路

功能：按下长动启动按钮 SB1，电动机单向连续运行；按下停止按钮 SB2 或热继电器 FR 动作时，电动机停止运行；按下点动启动按钮 SB3，电动机单向点动运行，松开按钮 SB3，电动机停止。

下面，我们来讨论一下，如何将上述传统的继电-接触器电气控制系统改为 PLC 控制系统，其设计方法一般采用的步骤如下。

（1）分析控制系统的具体要求

按照任务的控制要求，当按下点动按钮 SB1，电动机作点动运行，无自锁；当按下长动启动按钮 SB2，电动机连续运行。因此，在进行 PLC 程序设计过程中，需要确定系统的输入输出 I/O 点数。在系统输入方面，需要引入 3 个 PLC 输入继电器 X，表示三个按钮 SB1、SB2 和 SB3，为了对电动机进行过热保护，引入 1 个 PLC 输入继电器 X，代表热继电器；在系统输出方面，需要引入 1 个 PLC 输出继电器 Y 来驱动电动机工作。此外，还需要引入一个 PLC 内部的中间继电器 X 来记忆长动或点动运行的状态。

（2）确定系统输入/输出（I/O）点数，列出 I/O 分配表

根据前面的分析，确定 PLC 需要 4 个输入点、1 个输出点，其 I/O 分配表见表 2-5。

表 2-5　系统 I/O 分配表

输入		输出	
系统元件	PLC 输入点符号	系统元件	PLC 输出点符号
点动启动按钮 SB1	X1	接触器 KM	Y0
长动启动按钮 SB2	X2		
长动停止按钮 SB3	X3		
热继电器 FR	X4		

（3）确定 PLC 控制系统的主电路连接及 PLC 外部接线

① 与原有继电-接触器电气控制系统相同，PLC 控制系统的主电路接线如图 2-48 所示。

② PLC 控制系统的外部硬件接线如图 2-48 所示。

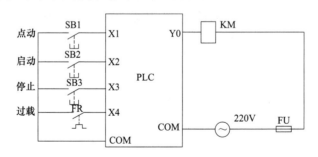

图 2-48　PLC 控制系统的外部硬件接线图

（4）PLC 程序设计与运行调试

本系统的 PLC 控制梯形图程序如图 2-49 所示，图 2-49（a）和（b）分别所示为梯形图和指令语句表两种形式。

在程序运行过程中，分别按下点动控制按钮 SB1（对应 PLC 输入继电器 X1）、长动起动按钮 SB2（对应 PLC 输入继电器 X2）、停止按钮 SB3（对应 PLC 输入继电器 X3）、模拟

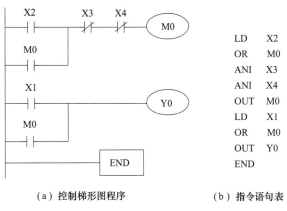

(a) 控制梯形图程序　　　　(b) 指令语句表

图 2-49　电动机点动、长动运行 PLC 控制程序

热继电器过载（对应 PLC 输入继电器 X4），让 X4 接通，依次观察 PLC 输出继电器 Y0 和电动机的运行状态。

2.2.2.5　PLC 程序设计语言

PLC 的编程语言主要包括梯形图语言和指令语句表语言，其中梯形图语言较为常用，并且两者也经常联合使用。

(1) 梯形图

梯形图是在继电控制系统电气原理图基础上开发出来的一种图形语言。它继承了继电器触点、线圈、串联、并联等术语和符号，根据控制要求连接而成的表示 PLC 输入和输出之间逻辑关系的图形。编程元件的种类用图形符号及字母或数字加以区别，表 2-6 所示为两种梯形图和继电器符号的对照表。

表 2-6　两种梯形图和继电器符号的对照表

形式		物理继电器	PLC 继电器
线圈		□	—( )—
触点	常开	／	┤├
	常闭	／	┤/├

下面，我们以 PLC 控制三相异步电动机启停控制电路为例，对继电器控制图和 PLC 梯形图进行比较，具体如图 2-50 所示。

观察图 2-50 可知，若改变系统功能，继电器控制系统需要改变控制电路的实际硬件接线，而 PLC 控制不需要改变硬件接线，只需改变程序即可，后者更为灵活，但在使用梯形图编制控制程序也需要注意以下几点。

① 梯形图中的继电器不是物理继电器，是 PLC 存储器的一个存储单元。当写入该单元的逻辑状态为"1"时，则表示相应继电器的线圈接通，其动合触点闭合，动断触点断开。

② 梯形图按从左到右、自上而下的顺序排列。每一逻辑行（或称梯级）起始于左母线，然后是触点的串、并联连接，最后是线圈与右母线相连。

③ 梯形图中每个梯级流过的不是物理电流，而是"概念电流"，从左流向右，其两端没有电源。这个"概念电流"只是用来形象地描述用户程序执行中满足线圈接通的条件。

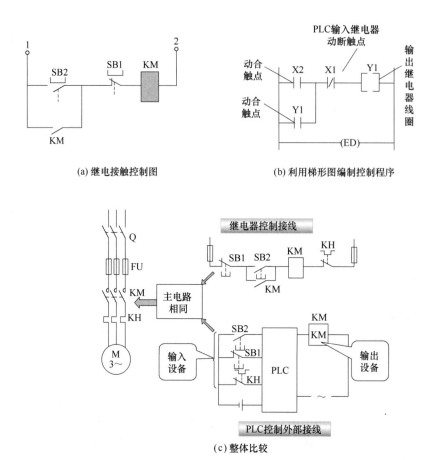

图 2-50 继电器控制图和 PLC 梯形图的比较

④ 输入继电器用于接收外部输入信号,而不能由 PLC 内部其他继电器的触点来驱动。因此,梯形图中只出现输入继电器的触点,而不出现其线圈。输出继电器输出程序执行结果给外部输出设备。当梯形图中的输出继电器线圈接通时,就有信号输出,但不是直接驱动输出设备,而要通过输出接口的继电器、晶体管或晶闸管才能实现。

(2) 指令语句表

指令语句表是一种用指令助记符来编制 PLC 程序的语言,它类似于计算机的汇编语言,由若干条指令组成的程序组成。我们仍以 PLC 控制三相异步电动机启停控制电路为例,对 PLC 的指令语句表和梯形图进行了比较,如图 2-51 所示。

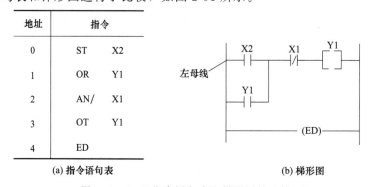

图 2-51 PLC 指令语句表和梯形图的比较

其中，语句表中各指令作用如下。

① ST 起始指令（取指令） 从左母线（即输入公共线）开始取用动合触点作为该逻辑行运算的开始，图中取用 X2；

② OR 触点并联指令（也称或指令） 用于单个动合触点的并联，与之对应的是图 2-51 中并联 Y1；

③ AN/触点串联反指令（也称与非指令） 用于单个动断触点的串联，与之对应的是图 2-51 中串联 X1；

④ OT 输出指令 用于将运算结果驱动指定线圈，与之对应的是图 2-51 中驱动输出继电器线圈 Y1；

⑤ ED 程序结束指令。

以上实例均为三菱系列 PLC 的指令表和梯形图。

【学习小结】

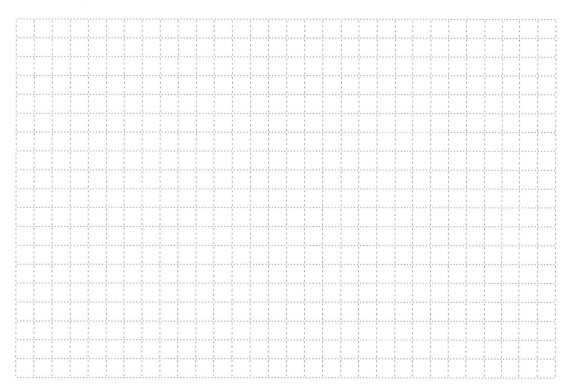

2.2.3 任务实施

2.2.3.1 PLC 基本结构与使用认知

在本书选用的认知设备载体——德国 AHK 机电一体化考核实训系统中，选用的是西门子 S7-300 系列 PLC，在整套系统中共使用了 3 个 PLC 及 2 个 I/O 模块，其中 PLC 具体型号为 CPU314C-2PN/DP、I/O 模块为 16DI/16DO 数字量组合模块，每个 PLC 都可以单独控制一个执行单元，也可以通过网络把三个 PLC 组成一个相互关联的整体，指挥设备上的机械手、气缸、输送带等。

S7-314C-2PN/DP PLC 属于西门子公司紧凑型 PLC 产品，本体集成了 CPU、数字量/

模拟量 I/O 模块、数字量 I/O 模块，其主要技术参数包括 192KB 工作存储器、24 个 DI、16 个 DO、5 个 AI、2 个 AO、2 个 PROFINET 等，支持 PROFINET 和 TCP/IP 通信，组合 MPI/DP 接口最多可扩展连接 31 个模块，支持数据交换的直接发送和接收功能，其外观示意图如图 2-52 所示。

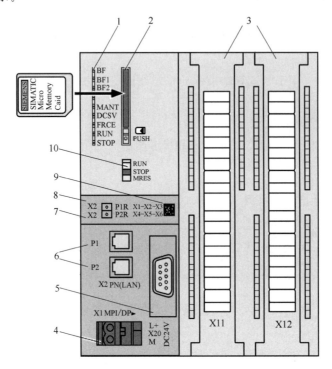

图 2-52　PLC 外观示意图

1—状态和错误指示灯；2—SIMATIC MMC 卡的插槽；3—集成输入和输出的端子；4—电源连接；
5—接口 X1（MPI/DP）；6—接口 X2（PN），配有两端口交换机；7—PROFINET 端口 2 状态指示灯（绿色/黄色）；
8—PROFINET 端口 1 状态指示灯（绿色/黄色）；9—MAC 地址和二维条形码；10—模式选择器

由图 2-52 给出的 PLC 外观可知，虽然在外观上与通用计算机有较大差别，但在内部结构上，PLC 只是像一台增强了 I/O 功能的、可与控制对象方便连接的计算机。在系统结构上，PLC 的基本组成包括硬件与软件两部分。

PLC 的硬件部分由中央处理器（CPU）、存储器、输入接口、输出接口、通信接口等构成；PLC 的软件部分由系统程序和用户程序等构成。

① 开关量 DI/DO　输入接口将按钮、行程开关或传感器等外部电路的接通与断开产生的开关量信号，转换成 PLC 所能识别的 1（高电平）、0（低电平）数字信号并送入 CPU，工程上常称为"开关量"或"DI（数字量输入）"。本书实训系统所采用的 314C-2PN/DP 集成 16DI/16DO 模块的电气接线图，如图 2-53 所示。

S7-314C-2PN/DP PLC 集成 DI/DO 模块的工作电源由西门子直流电源模块 P3307 提供。在输入接口中，每个输入点（DC 24V）都与公共点 1M（0V）形成工作回路完成 PLC 内部的信号转换过程。现场的输入提供一对开关信号："0"或"1"（有无触点均可），每路输入信号均经过光电隔离、滤波，然后送入输入缓冲器等待 CPU 采样。每路输入信号均有 LED 显示，以指明信号是否到达 PLC 输入端子。

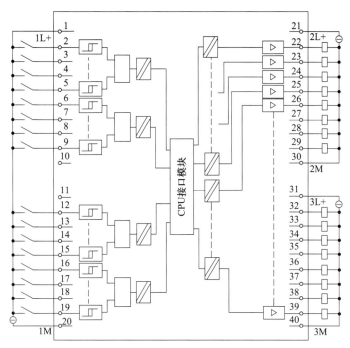

图 2-53　开关量 DI/DO 模块电气接线图

输出接口将 PLC 向外输出的数字信号转换成可以驱动外部执行电路的信号，分为数字量输出与模拟量输出。开关输出模块是把 CPU 逻辑运算的结果"0""1"信号变成功率接点的输出，驱动外部负载，不同开关量输出模块的端口特性不同，按照负载使用的电源可分为直流输出模块、交流输出模块和交直流输出模块。按照输出的开关器件种类可分为场效应晶体管输出、继电器输出等。它们所能驱动的负载类型、负载大小和相应时间是不同的。我们可以根据需要来选择不同的输出模块。

S7-314C-2PN/DP PLC 集成 DI/DO 模块的输出为晶体管输出，其负载电源只能选择 DC 24V 电源。当负载工作电流大于 0.5A 时，输出点与负载之间需要用小型继电器进行隔离转换。

如图 2-53 所示，PLC 输入/输出接口均采用了光电隔离，实现了 PLC 内部电路与外部电路的电气隔离，用来减少电磁干扰。输入/输出端口的数量是 PLC 非常重要的技术指标，可将 PLC 按照 I/O 点数来划分为大、中、小型。此外，在安装与调试中，确定每一个 I/O 点的功能是非常重要的工作。实际工程中对 I/O 点的数量要求有 10%～20% 的余量。

② 模拟量 AI/AO　在实际生产过程中，要实现模拟量的数据采集，或者通过输出模拟量实现位置等控制，必须要有 A/D 和 D/A 模块。其中，A/D 模块是将模拟量如电压、电流等转换成数字量，而 D/A 则正好相反，是把数字量的电流、电压信号转换成模拟量。S7-314C-2PN/DP PLC 本体集成了 5 路模拟量输入通道和 2 路模拟量输出通道。其中模拟量输入通道 CH0～CH3 可接收电流和电压信号，通道 CH4 为 PT100 热电阻信号通道，模拟量 AI/AO 模块的电气接线如图 2-54 所示。

模拟量电信号对应 PLC 内部数据为整数格式，对应的满量程范围为 $-27648 \sim +27648$，在实际运用中需要将整数转化为浮点数后再进行数学运算和逻辑运算。如：4～20mA 电流信号经 AI 模块处理后，转换结果的额定范围为 $0 \sim +27648$，其他在不同测量范围下模拟量输入的表达方式如图 2-55 所示。

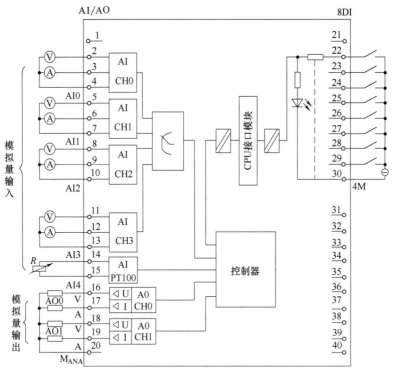

图 2-54 模拟量 AI/AO 模块的电气接线图

范围	电压 例如:		电流 例如:		电阻 例如:		温度 例如Pt100	
	测量范围 −10～10	单位 V	测量范围 4～20	单位 mA	测量范围 0～300	单位 Ω	测量范围 −200～+850	单位 ℃
超上限	>=11.759	32767	>=22.815	32767	>=352.778	32767	>=1000.1	32767
超上界	11.7589 ⋮ 10.0004	32511 ⋮ 27649	22.810 ⋮ 20.0005	32511 ⋮ 27649	352.767 ⋮ 300.011	32511 ⋮ 27649	1000.0 ⋮ 850.1	10000 ⋮ 8501
额定范围	10.00 7.50 ⋮ −7.5 −10.00	27648 20736 ⋮ −20736 −27648	20.000 16.000 ⋮ 4.000	27648 20736 ⋮ 0	300.000 225.000 ⋮ 0.000	27648 20736 ⋮ 0	850.0 ⋮ −200.0	8500 ⋮ −2000
超下界	−10.0004 ⋮ −11.759	−27649 ⋮ −32512	3.9995 ⋮ 1.1852	−1 ⋮ −4864	不允许 负值		−200.1 ⋮ −243.0	−2001 ⋮ −2430
超下限	<=−11.76	−32768	<=1.1845	−32768		−32768	<=−243.1	−32768

图 2-55 不同测量范围下模拟量输入的表达方式

2.2.3.2 PLC 应用编程实例认知

下面，我们以 PLC 位移测量为应用案例，认知如何使用 PLC 解决实际应用问题。本书所采用的实训系统中，在导位输送单元使用了具有 A、B 两相 90°相位差的增量式旋转编码器，可用于计算工件在输送带上的位置。编码器直接连接在输送带的主动轴上。计算工件在传送带上的位置时，需要确定每两个脉冲之间的距离即脉冲当量。例如：输送带主动轴的直径 $d=40\mathrm{mm}$，则减速机每旋转一周，传送带上工件移动的距离 $L=\pi\times d=3.14\times 40=125.6\mathrm{mm}$，故脉冲当量 $\mu=L/360=0.35\mathrm{mm}$。那么工件从料仓 1♯ 推出，移动到气缸 3♯ 下方的距离为 250mm，旋转编码器需要发出 715 个脉冲。如何对输入到 PLC 的脉冲进行高速计数，这就需要使用 PLC 的高速计数功能。

不同型号的 PLC 主机，高速计数通道的数量不同，最大计数频率也不同。S7-314C-2PN/DP PLC 共有 4 路可组态的高速计数通道，最大识别频率为 60kHz，每个通道可有三种计数模式选择，包括连续计数、单次计数和周期计数。

(1) 模式选择

模式选择界面如图 2-56 所示。

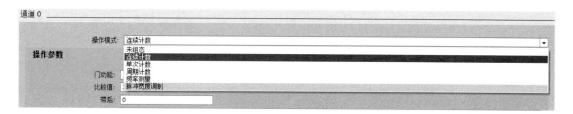

图 2-56　模式选择界面

(2) 设置操作参数

① 门功能　只有在门打开时计数值才有效。中止计数——门再次打开时计数值清零，中断计数——门再次打开时计数值在上次计数值上计数。设置门功能操作参数界面如图 2-57 所示。

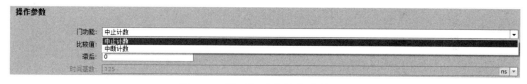

图 2-57　设置门功能操作参数界面

② 比较值　设定目标值，在输出特征中做大于目标值、小于目标值、等于目标值的逻辑控制。设置比较值操作参数界面如图 2-58 所示。

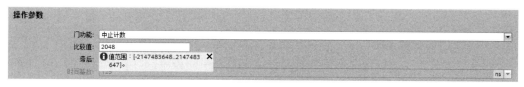

图 2-58　设置比较值操作参数界面

③ 滞后　编码器可能停止在某个位置，并且随后在该位置附近"颤动"，可以在 0~255 内选择一个范围，设置为 0 和 1 时，将禁用滞后。设置滞后操作参数界面如图 2-59 所示。

(3) 输入参数设置

① 信号评估　设置编码器类型及对脉冲信号的评估模式。界面如图 2-60 所示。

图 2-59　设置滞后操作参数界面

图 2-60　设置信号评估操作参数界面

② 硬件门　使用硬件门控制，当且仅当硬件门和软件门同时打开时，CPU 才会开始计数。硬件门是外部物理输入信号。计数方向反向：接入信号反方向计数。参数界面如图 2-61 所示。

图 2-61　设置硬件门操作参数界面

（4）输出特征参数设置

① 无比较　不依据当前计数与比较值的关系进行输出，此时 SFB47 的输入 CTRL_DO 和 SET_DO 不起作用。

② 计数器值≥比较值　输出点 DO 有输出。

③ 计数器值≤比较值　输出点 DO 有输出。

④ 计数值等于比较值时，输出点 DO 有输出。

注意：必须首先置位控制位 CTRL_DO。参数界面如图 2-62 所示。

图 2-62　设置输出特征操作参数界面

（5）硬件中断参数设置

当勾选的事件发生时，优先触发执行组织块 OB40 中的程序。参数界面如图 2-63 所示。

图 2-63　设置硬件中断操作参数界面

(6) 编程

在 OB1 或定义功能的 FC 中调用工艺指令中的功能块 COUNT-300C。PLC 编程界面如图 2-64 所示。

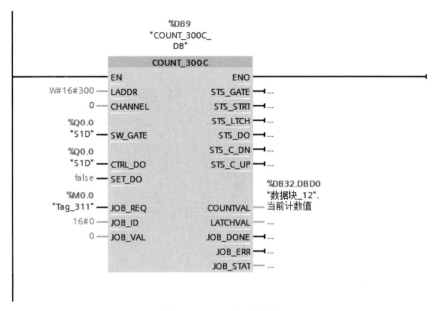

图 2-64　PLC 编程界面

2.2.3.3　PLC 网络通信的应用认知

在本书采用的实训系统中，3 个 PLC 都不是单独的运行，它们之间是 PLC 相互关联的，能够进行 PLC 之间的数据通信，形成一个控制整体，从而提高了设备的控制能力、可靠性，实现了"设备的集约化功能"。

(1) 西门子 S7 系列 PLC 通信设置

西门子 S7 系列 PLC 的通信功能是非常强大的，支持多类型通信，可以满足工业现场的各种需要，下面着重介绍在 STEP7（TIA Portal）环境下，S7-300 集成 PN 口的 CPU 基于工业以太网的 S7 单边通信的组态步骤，用于实现与 S7-300/400/1200/1500 CPU 之间的 S7 通信。

S7 协议是西门子 S7 系列 PLC 产品之间通信使用的标准协议，其优点是通信双方无论是在同一 MPI 总线上、同一 PROFIBUS 总线上或同一工业以太网中，都可通过 S7 协议建立通信连接，使用相同的编程方式进行数据交换而与使用何种总线或网络无关。

(2) 组态配置

① 选择电脑的"控制面板＞网络和共享＞本地连接＞属性"打开 Internet Protocol Version 4（TCP/IPv4），设置 PC 的 IP 地址，本例中为 192.168.0.131。设置界面如图 2-65 所示。

② 在 STEP7（TIA Portal）中组态 314C-2PN/DP CPU，在设备视图中选中 CPU，在属性的常规选项卡中点击以太网地址，点击"添加子网"并设置 IP 地址（本例中子网：PN/IE_1，IP 地址：192.168.0.1）。设置界面如图 2-66 所示。

③ 切换到网络视图，点击"连接"，在下拉列表中选择 S7 连接，在 CPU 上点击右键选择"添加新连接"。操作界面如图 2-67 所示。

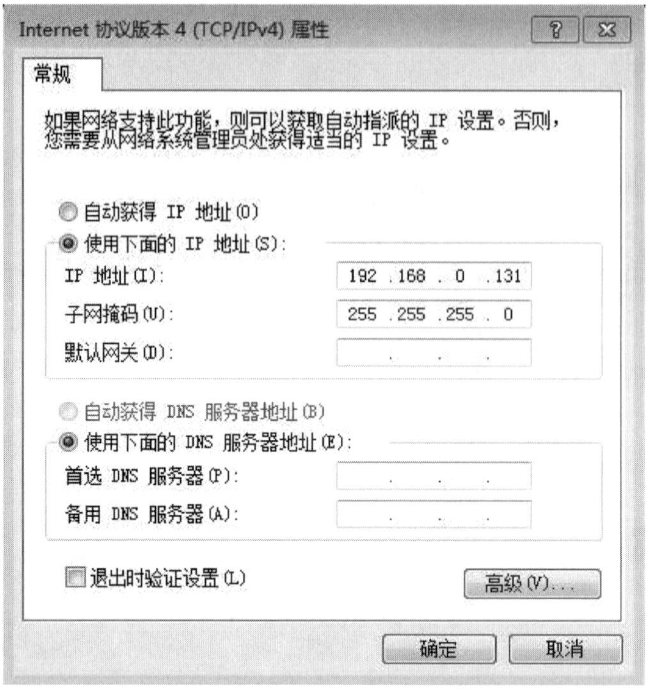

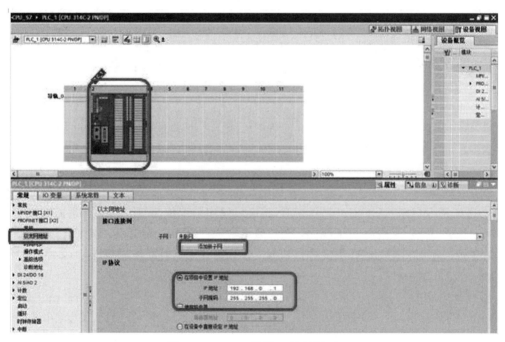

图 2-65 设置 PC 的 IP 地址界面

图 2-66 S7-300 设置 IP 地址界面

④ 通信伙伴选择未指定,如图 2-68 所示,点击"添加"。

⑤ 在信息栏里显示连接已添加,如图 2-69 所示,点击"关闭"即可。

⑥ 回到网络视图,鼠标选中刚刚生成的"S7_连接_1",在属性的常规选项卡中的"常规"栏设置 IP 地址,如本例中的 192.168.0.2。设置界面如图 2-70 所示。

图 2-67 添加新连接操作界面

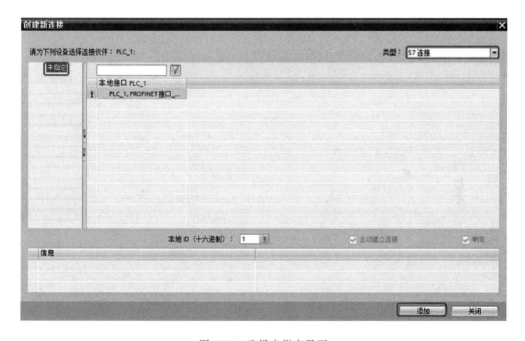

图 2-68 选择未指定界面

⑦ 在"本地 ID"中设置本地 ID 编号,默认值为 1。设置界面如图 2-71 所示。

⑧ 在"地址详细信息"中填写通信伙伴 CPU 的机架号和槽号,如通信伙伴是 S7-300/400 CPU,则槽号为 2;通信伙伴是 S7-1200/1500 CPU,则槽号为 1。地址详细信息界面如图 2-72 所示。

⑨ 选中 CPU,下载(下载前会自动编译)程序。下载界面如图 2-73 所示。

⑩ 下载完成后,可点击"转至在线"按钮,在网络视图的连接选项卡中查看连接状态,如图 2-74 所示,本地连接名称左侧有绿色标志,则表示组态的连接已经成功建立。

项目 2 机电一体化关键技术的应用认知 77

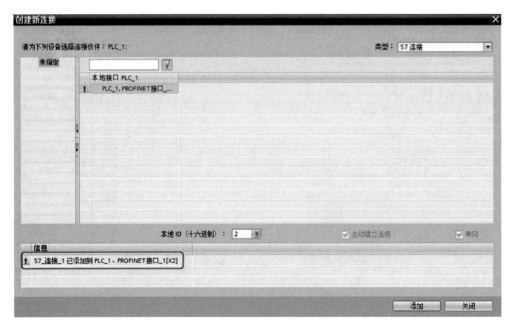

图 2-69 创建新连接界面

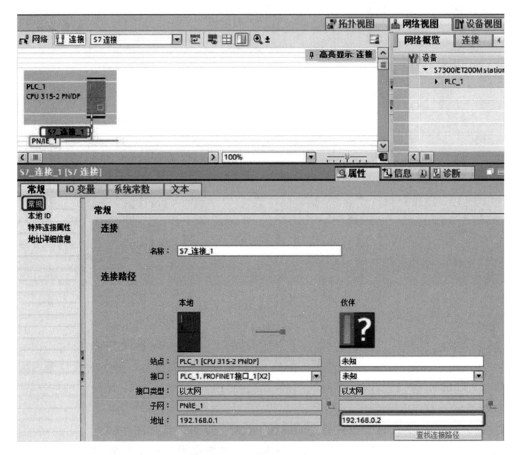

图 2-70 设置 IP 地址界面

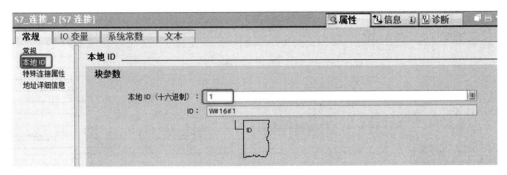

图 2-71 设置 ID 编号界面

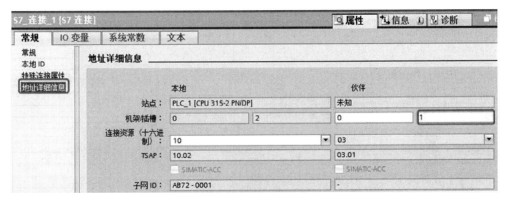

图 2-72 地址详细信息界面

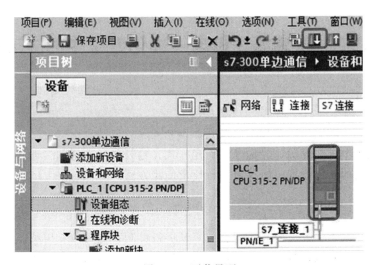

图 2-73 下载界面

⑪ 如果出现如图 2-75 所示的情况，本地连接名称左侧有红色标志，则说明连接没有建立，请检查网线的连接、IP 地址等。

（3）通信连接

组态连接建立成功后，需要调用通信功能块 PUT 和 GET 进行数据交换。使用网络连接器及通信电缆把各个 PLC 连接起来，设定好每个 PLC 的参数，下载到该 PLC 中去，然后就可以在 PLC 之间通信了，以上我们做的是两个 PLC 之间的通信连接，我们可以用相同的方法把三个甚至更多的 PLC 连接起来，形成一个庞大的 PLC 控制网络系统。

图 2-74　连接已建立界面

图 2-75　连接未建立界面

任务 2.3　传感器在机电一体化系统中的应用认知

2.3.1　任务目标

（1）掌握传感器的定义、结构组成及其工作原理。

（2）掌握设备中磁性开关、光电开关、光纤式光电开关、电感式接近开关、编码器、温度传感器等传感器的工作原理、电气接口特性及使用方法。

【任务导入】

在机电一体化系统中，需要对不同的被测量进行检测，如果没有传感器对原始的各种参数进行精确而可靠的检测，就无法实现系统精准的控制，试列出机电一体化系统常用的传感器，并说明传感器的定义、工作原理。

2.3.2 知识技术准备

2.3.2.1 传感器的定义及组成

(1) 传感器的基本概念

传感器是一种能感受规定的被测量（如物理量、化学量和生物量）并按照一定的规律转换成易于精确处理和测量的输出信号（如电信号）的器件或装置，通常是由敏感元件、转换元件和基本转换电路三部分组成的，如图2-76所示。

图 2-76 传感器的组成

① 敏感元件 直接感受被测量，并以确定关系输出物理量。

② 转换元件 将敏感元件输出的非电物理量（如温度、位移、应变、光强等）转换成电参量（如电阻、电感、电容等）。

③ 基本转换电路 将转换元件输出的参数量转换成便于测量的电参数，如电压、电流、频率等。

(2) 传感器的静态和动态特性

① 传感器的静态特性 传感器的静态特性是指传感器检测变换被测量的数值处在稳定状态时，其输出与输入的关系。它的主要技术指标包括线性度、灵敏度、重复性、分辨率、精确度、零漂和迟滞，部分指标的定义如下。

a. 线性度：线性度又称非线性误差，是指传感器实际特性曲线与拟合曲线之间的最大偏差与传感器满量程输出范围的百分比。

b. 灵敏度：在传感器的稳态下，输出变化量与输入变化量之比。

c. 分辨率：传感器能测出被测信号的最小变化量，是有量纲的数。当被测量的变化小于分辨率时，传感器对输入量的变化无任何反应。

d. 精确度：表示测量结果与被测"真值"的接近程度，一般用极限误差来表示，也可用极限误差与满量程之比以百分数形式给出。

e. 零漂：在零输入状态下，传感器输出值的变化称为零漂。

f. 迟滞：指传感器正向特性和反向特性的不一致程度。

② 传感器的动态特性 传感器测量静态信号时，由于被测量不随时间变化，测量和记录过程不受时间限制。而实际中大量的被测量是随时间变化的动态信号，传感器的输出不仅需要精确地显示被测量的大小，还要显示被测量随时间变化的规律，即被测量的波形。传感器能测量动态信号的能力用动态特性表示。动态特性是指传感器测量动态信号时，输出对输入的响应特性。

(3) 传感器的分类

传感器常用的分类方法有两种，一种是按被测输入量划分，另一种是按传感器工作原理划分。

① 按被测输入量划分 可分为温度传感器、湿度传感器、压力传感器、位移传感器、流量传感器、加速度传感器、光电传感器等。

② 按传感器工作原理划分 根据其物理、化学、生物等学科的原理、规律和效应可分为

电阻式、电感式、电容式、阻抗式、磁电式、热电式、压电式、光电式、超声式、微波式等。

2.3.2.2 接近传感器

接近传感器（也称为接近开关）是利用传感器对所接近的物体利用敏感特性来识别其接近，并输出相应开关信号，常见的有磁感应式、电感式、电容式、光电式接和光纤型光电传感器等，其电气符号及其应用电路如图 2-77 所示。

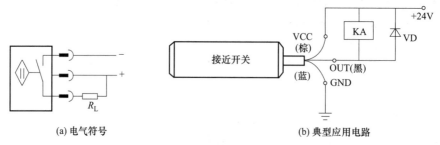

图 2-77 接近开关的电气符号

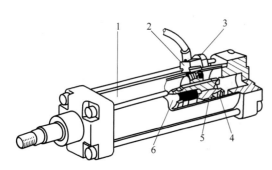

图 2-78 带磁性开关气缸的工作原理图
1—气缸；2—磁感应式接近开关；3—安装支架；
4—活塞；5—磁环；6—活塞杆

（1）磁性开关

磁性开关是一种非接触式位置检测开关，常用于气缸的位置检测，用来检测气缸活塞位置，带磁性开关气缸的工作原理图如图 2-78 所示。

（2）电感式接近开关

电感式接近开关是利用电涡流效应制造的传感器，用于检测金属物体，属于一种开关量输出的位置传感器，工作原理图如图 2-79 所示。

（3）电容式接近开关

无论金属或非金属的被测物体，在接近或离开电容式接近开关时，都会引起接近开关电容器的介电常数发生变化，从而使得电容式接近开关能够输出相应的开关信号，工作原理图如图 2-80 所示。

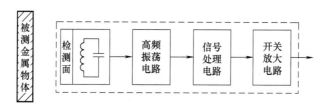

图 2-79 电感式接近传感器工作原理框图

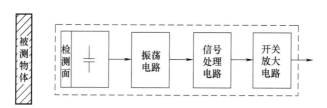

图 2-80 电容式接近传感器工作原理框图

（4）光电式接近开关

光电式接近开关是利用被检测物对光束的遮挡或反射，由同步回路选通电路，从而检测有无物体的传感器，用于所有能反射光线的物体检测，可分为对射式、反射式和漫射式三种，对射式工作原理图如图2-81所示。

图2-81 光电式接近传感器工作原理框图

（5）光纤型接近传感器

光纤型接近传感器属于光电接近传感器的一种，其主要由光纤检测头、光纤放大器两部分组成，如图2-82所示。

2.3.2.3 温度传感器

温度传感器分为接触式和非接触式两大类，其中，接触式温度传感器通过接触方式把被测物体的热能量传送给温度传感器来检测被测物体温度，非接触式温度传感器以测量被测物体辐射热的方式测量远距离物体的温度，本书只讨论接触式温度传感器，具体如下。

图2-82 光纤型接近传感器及其组件
1—光纤检测头；2—信号线；3—放大器；4—光纤

（1）热电偶

热电偶是目前工业上应用较为广泛的热电式传感器，它直接测量温度，并把温度信号转换成热电动势信号，通过配套的电气仪表转换成被测介质的温度，其结构和工作原理如下。

将两根性质不同的金属丝或合金丝A与B的两个端头焊接在一起，就构成了热电偶，工作原理如图2-83所示。

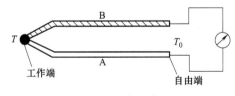

图2-83 热电偶工作原理

热电偶放置在被测介质中的一端，称为工作端，另外一端则称为自由端或参考端，参考端用来接测量仪表，如图2-83所示。当热电偶两端温度 $T \neq T_0$ 时，回路中产生电流，这种电流称为热电流，其电动势称为热电动势。然后，经电气仪表转换成被测介质的温度。

（2）金属热电阻

热电阻主要是利用电阻随温度升高而增大这一特性来测量温度的。目前较为广泛应用的热电阻材料是铂（Pt）、铜（Cu）。热电阻按其结构形式有装配式、铠装式和薄膜式等，可分为铂电阻、铜电阻以及半导体热敏电阻等。

铂的物理、化学性能非常稳定，是目前制造热电阻的最好材料。常用的铂电阻有两种，分别为Pt100和Pt10，最常用的是Pt100；铜电阻适用在测量精度要求不高，温度范围在-50～150℃的场合；半导体热敏电阻是利用半导体电阻值随温度显著变化的特性制成的，在一定范围内通过测量热敏电阻阻值的变化，就可以确定被测介质的温度变化情况。

项目2 机电一体化关键技术的应用认知

(3) 集成 IC 温度传感器

将温度敏感元件和放大、运算及补偿电路采用微电子技术和集成工艺集成在一个芯片上，从而构成集测量、放大、电源供电回路于一体的高性能集成温度传感器，分为模拟输出和数字输出 IC 温度传感器两种。①模拟输出 IC 温度传感器具有线性度高、精度高、分辨率高、体积小等优点，不足之处在于温度范围有限。其典型代表为电流输出型温度 IC 传感器 AD590，能产生一个与绝对温度成正比的电流作为输出。②数字输出 IC 温度传感器输出的是数字信号，常见的典型代表如 DS18B20 等。

2.3.2.4 位移传感器

位移测量是线位移测量和角位移测量的总称，在机电一体化领域中应用十分广泛，主要包括电感式传感器、电容式传感器、光栅传感器、感应同步器、光电编码器等，本书只介绍光栅传感器和光电编码器。

(1) 光栅传感器

光栅是一种高精度直线位移和角位移的数字检测元件，能够把位移量变成数字量，其测量精确度高，可达 $\pm 1\mu m$；能在透明的玻璃上，均匀地刻出许多明暗相间的条纹，或在金属镜面上均匀地刻画出许多间隔相等的条纹，即分别形成透射光栅和反射光栅。测量装置由标尺光栅（主光栅）和指示光栅组成，两者的光刻密度相同，但体长相差很多，其结构如图 2-84 所示。

在透射式直线光栅中，把主光栅与指示光栅的刻线面相对叠合在一起，中间留有很小的间隙，并使两者的栅线保持很小的夹角。在两光栅的刻线重合处，光从缝隙透过，形成亮带；在两光栅刻线的错开处，由于相互挡光作用而形成暗带，该亮暗带称莫尔条纹，如图 2-85 所示。

图 2-84 光栅结构
1—主光栅；2—指示光栅；3—光源；4—光电器件

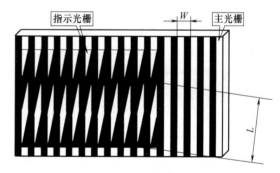

图 2-85 莫尔条纹

当光栅水平方向正反移动时，莫尔条纹上下移动。因为莫尔条纹对栅距的放大作用，莫尔条纹距离为 L（$L \gg W$），光敏元件将莫尔条纹转换为脉冲信号。每移动一个栅距，即产生一个脉冲信号。光栅的指标单位是"线/mm"，如 100 线/mm，则栅距 $W=0.01mm$，若计数脉冲为 1000，则光栅移动距离为 $0.01 \times 1000 = 10mm$。因此，我们可以只对光栅脉冲进行测量计数，即可获得所测位移量，图 2-86 所示为光栅测量系统的原理图。

(2) 光电编码器

光电编码器是通过光电转换，将输出至光电编码器轴上的角位移转换成脉冲或数字信号的传感器，主要用于速度或位置（角度）的检测，广泛应用于数控机床、伺服传动、工业机器人等设备中。

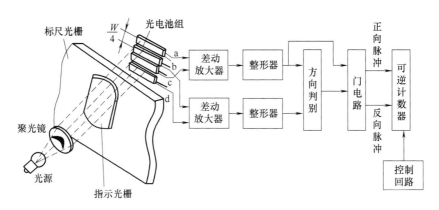

图 2-86 光栅测量系统原理图

按照工作原理，光电编码器可分为增量式和绝对式两类。其中，增量式光电编码器将位移转换成周期性变化的电信号，再把这个电信号转变成计数脉冲，用脉冲的个数表示位移的大小，在使用时需设置零位，测量结果与中间过程有关，抗振动、抗干扰能力差，测量速度受到限制。绝对式光电编码器是可将被测轴的任意位置转变成唯一固定的二进制编码与之相对应传感器，所以其输出值只与测量的起始和终止位置有关，而与测量的中间过程无关。本文以增量式光电编码器为例，说明其工作原理，光电编码器结构示意图如图 2-87 所示。

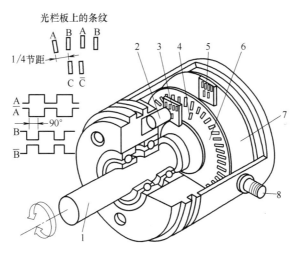

图 2-87 增量式光电编码器结构示意图
1—转轴；2—LED；3—光栏板；4—零标志槽；5—光敏元件；
6—光电码盘；7—印制电路板；8—电源及信号线连接座

由图 2-87 可见，增量式编码器由光源（带聚光镜的发光二极管）、光栏板、光电码盘、光敏元件及信号处理电路组成。其中，光电码盘是在一块玻璃圆盘上镀上一层不透光的金属薄膜，然后在上面制成圆周等距的透光与不透光相间的条纹，光栏板上具有和光电码盘上相同的透光条纹。当光电码盘旋转时，光线通过光栏板和光电码盘产生明暗相间的变化，由光敏元件接收，光敏元件将光信号转换成电脉冲信号。工作原理示意图如图 2-88 所示。

光电编码器的测量精度取决于它所能分辨的最小角度，而这与光电码盘圆周的条纹数有关，即分辨率，如条纹数为 1024，则分辨率为 $360°/1024=0.352°$。

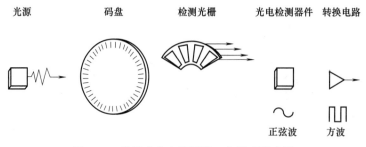

图 2-88 增量式光电编码器工作原理示意图

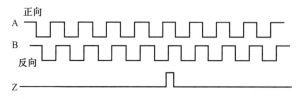

图 2-89 增量式光电编码器输出波形

实际应用的光电编码器的光栅板上有两组条纹 A 和 B，A 组和 B 组的条纹彼此错开 1/4 节距，两组条纹相对应的光敏元件所产生的信号彼此相差 90°相位，用于辨向。当光电码盘正转时，A 信号超前 B 信号 90°，当光电码盘反转时，B 信号超前 A 信号 90°，可利用这一相位关系来判断被测轴的运动方向。如图 2-89 所示，编码器每转一周，Z 相输出一个脉冲，此脉冲被称为每转脉冲标志或零标志脉冲，即当 Z 相输出一个脉冲时，表示编码器旋转了一周。

图 2-90 所示为滑台位置半闭环伺服系统构成框图，通过光电编码器输出的脉冲数量，即可测量滚珠丝杠的角位移 θ，从而间接获得工作台的直线位移 $x=(t/360°)\times\theta$，其中，t 为螺距。

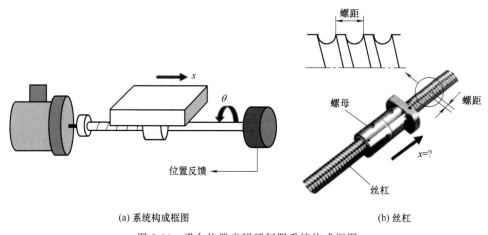

(a) 系统构成框图　　　　　　　　(b) 丝杠

图 2-90 滑台位置半闭环伺服系统构成框图

2.3.2.5 速度与加速度传感器

(1) 速度传感器

① 直流测速机　直流测速机是一种测速元件，它本质上是一台微型的直流发电机，用来作测速和校正元件。一般情况下根据定子磁极激磁方式的不同，直流测速机可分为电磁式

和永磁式两种，永磁式测速机工作原理如图 2-91 所示，其特点是输出斜率大、线性好，但由于有电刷和换向器，构造和维护比较复杂，摩擦转矩较大。

② 光电式转速传感器　光电式转速传感器是由装在被测轴上的带缝隙圆盘、光源、光电器件和指示缝隙盘组成的，如图 2-92 所示。光源发出的光通过缝隙圆盘和指示缝隙照射到光电器件上，当缝隙圆盘随被测轴转动时，由于圆盘上的缝隙间距与指示缝隙的间距相同，因此圆盘每转一周，光电器件输出与圆盘缝隙数相等的电脉冲，根据测量一定时间内的脉冲数，即可测出转速。

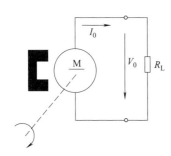

图 2-91　永磁式测速机工作原理

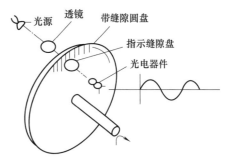

图 2-92　光电式转速传感器原理

③ 霍尔转速传感器　霍尔速度传感器是一种基于霍尔效应的磁电传感器，具有对磁场敏感度高、输出信号稳定、频率响应高、抗电磁干扰能力强、结构简单、使用方便等特点。其工作原理是当传感器的旋转机构在外驱动作用下旋转时，会带动永久磁铁旋转，穿过霍尔元件的磁场将产生周期性变化，引起霍尔元件输出电压变化，通过后续电路处理形成稳定的脉冲电压信号，即可测出转速。

（2）加速度传感器

加速度传感器工作原理是将惯性质量受加速度所产生的惯性力而产成的各种物理效应，进一步转化成电量，间接测量加速度。最常用的形式主要包括应变式、压电式、电磁感应式等。

2.3.2.6　力、压力和扭矩传感器

在机电一体化系统中，力、压力和扭矩是经常涉及的机械参量，常用的传感器可分为弹性式、电阻应变式、气电式、位移式和相位差式等。其中，电阻应变式的力、压力和扭矩传感器的工作原理是利用弹性敏感器元件将被测力、压力或扭矩转换为应变、位移等，然后通过黏贴在其表面的电阻应变片的应力或应变转换成电阻值的变化，经过转换电路输出电压或电流信号。压力传感器主要用于测量固体、气体和流体等的压力。由于本书受篇幅限制，其他类型的力、压力和扭矩传感器这里就不一一介绍了。

2.3.2.7　视觉、触觉及味觉等感知传感器

目前，在机电一体化系统中，为了提高设备对环境有自校正和自适应能力，就需要系统对外界具有感知能力，由此产生了外界检测传感器，其通常包括触觉、视觉、听觉、嗅觉、味觉、接近式等传感器。

（1）视觉传感器

视觉传感器采用的电荷耦合器件（Charge Coupled Device，CCD），它是指在同一半导体衬底上生成的若干个光敏单元与移位寄存器构成的一体的集成光电器件，其功能是把按空间分布的光强信息转换成按时序串行输出的电信号。

(2) 听觉传感器

由于计算机技术及语音学的发展，现在已经实现用机器代替人耳，通过语音处理及辨识技术识别讲话人，还能正确理解一些简单的语句。从应用目的来看，可以将识别声音的系统分为两大类，即发言人识别系统及语义识别系统。

(3) 嗅觉传感器

嗅觉传感器具有检测空气的化学成分及其浓度等功能，在具有放射线、高温煤烟、可燃性气体及其他有毒气体的恶劣环境下，开发检测放射线、可燃气体及有毒气体的传感器是很重要的。

(4) 味觉及其他传感器

味觉传感器具有对液体进行化学成分分析的功能，实用的味觉传感器有pH计、化学分析器等。一般味觉可探测溶于水中的物质，嗅觉可探测气体状的物质，当探测化学物质时，通常嗅觉比味觉更敏感。

此外，未来传感器的发展方向必然向智能化前进，所谓智能传感器一般是一种带有微处理机的，兼有检测、判断与信息处理功能的传感器，可实现多传感器多参数综合测量，具有自我诊断、可靠性高、兼容性好等特点。

【学习小结】

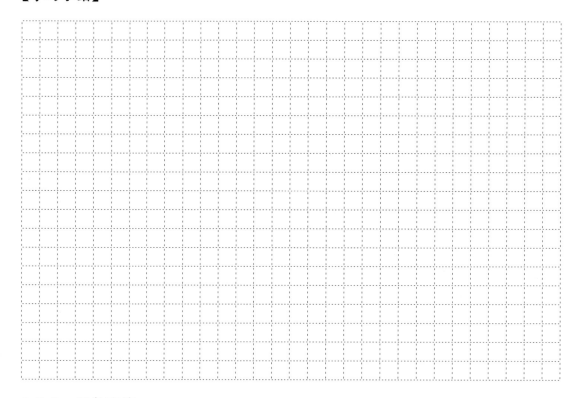

2.3.3 任务实施

2.3.3.1 磁性开关的应用认知

磁性开关传感器（简称磁性开关）是一种非接触式位置检测开关，用于检测磁性物质的存在，安装方式有导线引出型、接插件式、接插件中继型，可根据安装场所环境的要求选择屏蔽式和非屏蔽式。磁性开关实物图如图 2-93 所示。

图 2-93　磁性开关实物图

在机电一体化系统中，磁性开关用于各类气缸的位置检测。当有磁性物质接近磁性开关时，磁性开关就会动作，并输出开关信号，其电气接线图如图 2-94 所示。

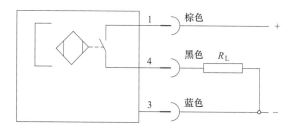

图 2-94　磁性开关的电气接线图

在实际应用中，在气缸的活塞上安装有磁性物质，在气缸外的两端位置各安装一个磁性开关，就可以用这两个磁性开关传感器分别标识气缸运动的两个极限位置。如图 2-95 所示。

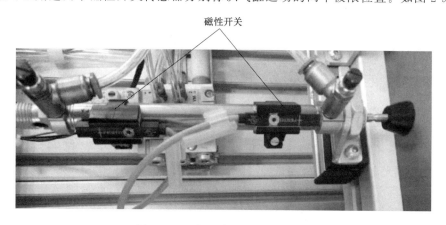

图 2-95　磁性开关在设备中的安装

如图 2-96 所示，可用两个磁性开关来检测龙门机械手上垂直气缸伸出到位和缩回到位的位置。

2.3.3.2　光电传感器的应用认知

在本书实训系统主输送带的一侧安装有一个色差光电传感器，如图 2-97 所示。在设备中光电传感器用于检测工件的颜色，通过工件不同的光反射率，色差光电传感器能够很方便地检测出黑色与白色的工件。

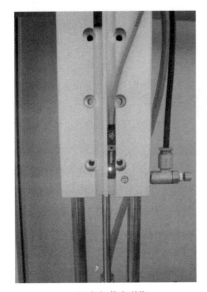 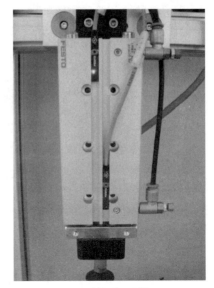

(a) 气缸伸出到位　　　　　　　　(b) 气缸缩回到位

图 2-96　磁性开关的应用实例

设备中采用的漫反射型光电传感器在一个外壳内，包含有发射器与接收器。在工作时，当有白色工件经过色差光电传感器时，该传感器输出动作，输出信号"1"，并且其黄色指示灯点亮；当黑色工件经过该传感器时，该传感器无输出动作，黄色指示灯不亮，其电气接线如图 2-98 所示。

   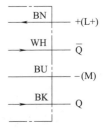

图 2-97　色差光电传感器　　　　　　图 2-98　光电传感器的电气接线图

2.3.3.3　光纤式光电传感器的应用认知

在本书实训系统中的主输送带末端，安装有一个光纤式光电传感器，如图 2-99 所示。光纤式光电接近开关（简称光纤式光电开关）也是光纤传感器的一种，无电路连接，不产生热量，只利用很少的光能，适合在危险环境下使用。有些生产过程中的烟火、电火花等可能引起爆炸和火灾，光能不会成为火源，所以不会引起爆炸和火灾，可将光纤检测头设置在危险场所，将放大器单元设置在非危险场所进行使用。

观察图 2-99 可知，光纤传感器由光纤检测头、光纤放大器两部分组成，其中，放大器和光纤检测头是分离的两个部分。光纤传感器是作为一个工件的检测装置，当有工件到达主输送带末端时，光纤传感器输出信号动作，输出"1"信号，并且光纤放大器的指示灯点亮；没有工件达到主输送带末端时，输出"0"信号，放大器指示灯不亮。光纤放大器在设备中的电气接线图如图 2-100 所示。

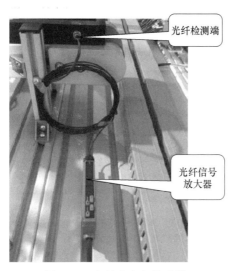

图 2-99 光纤式光电传感器

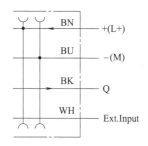

图 2-100 光纤放大器的电气接线图

2.3.3.4 电感式接近开关的应用认知

电涡流接近开关属于电感式传感器的一种,是利用电涡流效应制成的有开关量输出的位置传感器,当金属物体在接近这个能产生电磁场的振荡感应头时,可使物体内部产生电涡流,将其识别为金属物体。因此,这种接近开关所能检测的物件必须是金属物体。在本书实训系统中,为了检测待加工工件是否为金属材料,在主输送带侧面安装了一个电感式传感器,如图 2-101 所示。

电感式接近开关所检测的物体必须是金属导体,与普通机电式行程开关相比,电感式接近开关具有重复定位精度高、动作频率高、使用寿命长、安装调整方便和对恶劣环境的适应能力强等显著优势。在实际应用中,必须认真考虑检测距离、设定距离,保证可靠工作,其电气接线图如图 2-102 所示。

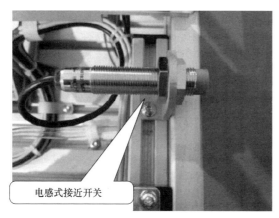

图 2-101 电感式接近开关

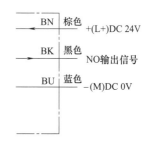

图 2-102 电感式接近开关电气接线图

2.3.3.5 电容式接近开关的应用认知

电容式接近开关是以电容器的极板作为检测面,而检测面外部所面对的物质,则是电容器两个极板之间的绝缘介质,若该绝缘介质发生变化,则电容器的电容量也将随之变化。在本书实训系统中,它主要是用来检测工件的存在,如图 2-103 所示。

无论金属或非金属的被测物体，在接近或离开电容式接近开关时，都会引起接近开关电容器的介电常数发生变化，从而使得电容式接近开关能够输出相应的开关信号。因此，电容式接近开关所检测的物体，并不限于金属导体，也可以是绝缘的液体或粉状物体，主要是用来对位置信号进行检测，其电气接线图如图2-104所示。

图 2-103　电容式接近开关

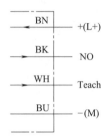

图 2-104　电容式接近开关电气接线图

2.3.3.6　光电编码器的应用认知

光电编码器是通过光电转换将机械、几何位移量转换成脉冲或数字量的传感器，它主要用于速度或位置（角度）的检测。典型的光电编码器由码盘、检测光栅、光电转换电路（包括光源、光敏器件、信号转换电路）、机械部件等组成。在本书实训系统中，传送带定位控制以及电机转速的测量是由光电编码器来完成的，如图2-105所示。

此外，一般来说，根据光电编码器产生脉冲的方式不同，可以分为增量式、绝

图 2-105　光电编码器

对式以及复合式三大类。本书采用的是编码器是德国 SICK 公司生产的增量型编码器，其主要电气技术参数见表2-7。

表 2-7　增量型编码器主要电气技术参数

导线颜色	通道	具体功能
褐色	A	时钟脉冲信号
白色	A-	时钟脉冲信号
黑色	B	时钟脉冲信号
粉红色	B-	时钟脉冲信号
黄色	Z	零脉冲信号
淡紫色	Z-	零脉冲信号
蓝色	GND	编码器接地
屏蔽	屏蔽	屏蔽线与机壳连接

2.3.3.7 温度传感器及其变送器的应用认知

测量温度的方法有接触式和非接触式两种。前者是将感温元件与被测对象进行直接物理接触,通过热传导来测温;后者则是将感温元件与被测对象不进行物理接触,而通过热辐射进行热传递来测温,常用的温度传感器主要由热电偶、热电阻、热敏电阻及集成温度传感器等。

为了检测液体的温度,在本书实训系统的过程控制单元中,采用的就是接触式温度传感器(Pt100 及温度变送器),如图 2-106 所示。Pt100 是铂热电阻,它的阻值跟温度的变化成正比。Pt100 的阻值与温度变化关系:当 Pt100 温度为 0℃时,它的阻值为 100Ω;温度为 100℃时,它的阻值约为 138.5Ω。其工作原理可概括为:当 Pt100 在 0℃的时候,其阻值为 100Ω,它的阻值会随着温度上升而匀速增长。

(a) 温度传感器

(b) 温度变送器

图 2-106 设备中的温度传感器及变送器

其中,温度变送器是一种将温度变量转换为可传送的标准化输出信号的仪表,主要用于工业过程中温度参数的测量和控制。在该套设备过程控制单元使用的温度变送器是把 Pt 100 温度传感器测量的 0~100℃的温度值转换为 4~20mA 的标准电信号,输入到 PLC 的模拟量模块,从而进行温度的测量与控制。其中,本书实训系统采用的温度传感器及变送器的电气接线如图 2-107 所示。

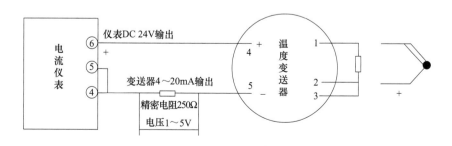

图 2-107 温度传感器及变送器的电气接线图

2.3.3.8 压力传感器及其变送器的应用认知

通过被测介质的压力直接作用于压力传感器的膜片上，使膜片产生与介质压力成正比的微位移，使压力传感器的电阻值发生变化，进而利用电子线路检测这一变化，并转换输出一个对应于这一压力的标准测量信号。为了检测液体的压力，在本书实训系统过程控制单元中，设备中安装了测量压力的压力变送器，如图 2-108 所示。

本书实训系统过程控制单元采用的是扩散硅压力变送器，测量范围 0~6kPa，输出电流信号为 4~20mA。其中，输出的 4~20mA 标准电流信号直接接入 PLC 的模拟量模块，通过 PLC 模拟量模块的变换，转换成数字量信号，可以通过编写程序测量与控制液体的压力。压力变送器的电气接线图如图 2-109 所示。

图 2-108 压力变送器

四线制输出(mV信号)
1#：电源正极
2#：电源负极
3#：信号正极
4#：信号负极

三线制输出(V信号)
1#：电源正极
2#：公共地
3#：信号正极

二线制输出(mA信号)
1#：电源正极
2#：信号正极

图 2-109 压力变送器电气接线图

任务 2.4　电气驱动技术在机电一体化系统中的应用认知

2.4.1　任务目标

（1）熟悉步进电动机及其驱动技术。
（2）熟悉伺服电机及其驱动技术。
（3）熟悉三相异步电动机及其驱动技术。
（4）掌握通过 BOP 面板变频器参数的设置方法，并能使用变频器进行三相异步电动机的变频调速控制。

【任务导入】

机电一体化系统驱动技术的主要包括电气驱动技术、液压驱动技术和气压驱动技术等三类，其中，电气驱动技术常见的驱动装置有电液马达、脉冲油缸、步进电机、伺服电机、直线电动机、三相异步交流电动机和压电驱动器等，试说明步进电机、伺服电机、三相异步电动机的结构、工作原理及适用场合，并尝试对以上三种电动机的电气驱动形式做概括描述。

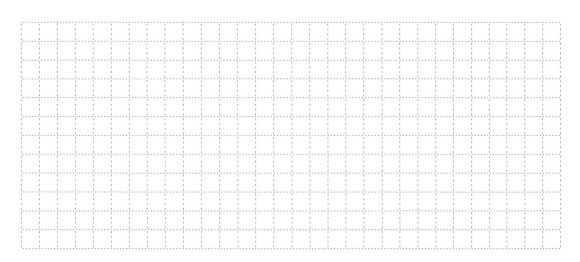

2.4.2 知识技术准备

2.4.2.1 步进电动机及其驱动技术的认知

步进电动机是一种用电脉冲信号进行控制，将电脉冲信号转换成相应的角位移或线位移的电动机。当步进电动机接收一个电脉冲，在驱动电源的作用下，转子就转过一个相应的步距角，转子角位移的大小及转速分别与输入的控制电脉冲数及其频率成正比。由于步进电动机的步距或转速不受电压波动和负载变化的影响，且不受环境条件的限制，仅与脉冲频率同步，故能按控制脉冲的要求立即启动、停止、反转或改变转速。它每一转都有固定的步数，在不丢步的情况下运行时，步距误差不会长期积累。因此，它不仅可在闭环系统中用作控制元件，而且在程序控制系统中用作开发控制和传动元件用时能大大简化系统，图2-110所示为步进电机的驱动控制原理图。

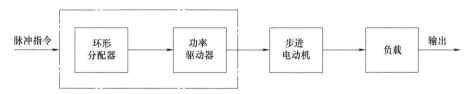

图 2-110 步进电动机的驱动控制原理

下面以三相反应式步进电动机为例说明步进电动机的驱动工作原理，其结构示意图如图2-111所示。由图可知，此步进电动机的定子有六个极，其上装有线圈，相对两个极上的线圈串联起来组成三个独立的绕组，称为三相绕组，独立绕组数称为步进电动机的相数；步进电动机的转子有四个极，其上无绕组，本身亦无磁性。按照三相通电顺序不同，有以下三种运行方式。

① 三相单三拍运行方式：按 $U_1 \to V_1 \to W_1 \to U_1 \to \cdots$ 或相反顺序通电，"单"是指每次只给一相绕组通电，"三拍"指通电三次完成一个通电循环。

② 三相双三拍运行：按 UV→VW→WU→UV→⋯或相反的顺序通电，即每次同时给两相绕组通电，相比前面

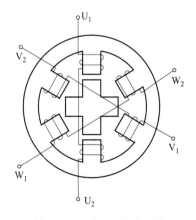

图 2-111 三相反应式步进电动机的结构示意图

项目 2 机电一体化关键技术的应用认知

方法，力矩增大，定位精度高且不易失步。

③ 三相单、双六拍运行方式：按 U→UV→V→VW→W→WU→U→……或相反的顺序通电，即需要六拍才完成一个循环。

在上述三相反应式步进电动机工作时，驱动电源将脉冲信号电压按一定的顺序轮流加到定子三相绕组上，驱动电源是将变频信号源（微机或数控装置等）送来的脉冲信号及方向信号按照要求的配电方式自动地循环供给电动机各相绕组，以驱动电动机转子正反向旋转。因此，只要控制输入电脉冲的数量和频率就可精确控制步进电动机的转角和速度。

2.4.2.2 伺服电动机及其驱动技术的认知

伺服电动机又称为执行电动机，其作用是把接收到的电信号变为电动机的一定的转速或角位移，同时电机自带的编码器反馈信号给驱动器，驱动器根据反馈值与目标值进行比较，调整转子转动的角度，编码器的精度很大程度上决定了伺服电机的精度。此外，它具有调速范围大、响应迅速、无自转现象、线性机械特性和调节特性等优点，可分为直流和交流两种类型，具体介绍如下。

直流伺服电动机是用直流供电的伺服电动机，其功能是将输入的受控电压/电流能量转换为电枢轴上的角位移或角速度输出。从结构上，它主要由定子、转子（电枢）、换向器和机壳等部分组成，如图 2-112 所示。其中，定子的作用是产生磁场，转子由铁芯、线圈组成，用于产生电磁转矩；换向器由整流子、电刷组成，用于改变电枢线圈的电流方向，保证电枢在磁场作用下连续旋转。

直流伺服电动机与普通的直流电动机一样，也是根据电磁感应定律中载流导体在磁场中受电磁力作用的原理来工作的。为调节电动机转速和方向，需要对其直流电压的大小和方向进行控制，常用晶体管脉宽调速驱动和可控硅直流调速驱动两种方式。如图 2-113 所示，定子为磁极，电枢绕组的线圈经过换向片和电刷，与直流电源相连接，根据左手定则，绕组将受到电磁力的作用，从而产生电磁转矩使电动机旋转。实际电动机中有由若干个换向片组成的换向器，将外电路直流电经电刷、换向器变成电枢导体的交流电，从而保证电磁转矩方向不变。

交流伺服电动机定子的构造基本上与电容分相式单相异步电动机相似，其定子上装有两个绕组，分别是励磁绕组和控制绕组，转子结构有笼形和非磁性杯形两种，图 2-113 所示为杯形转子伺服电动机的结构示意图。

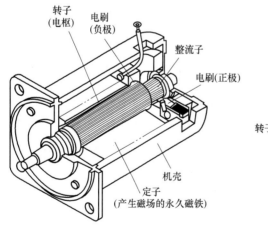

图 2-112 直流伺服电动机的结构示意图

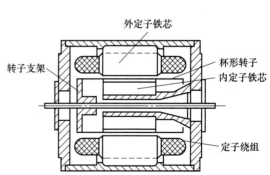

图 2-113 杯形转子伺服电动机的结构示意图

交流伺服电动机使用时，励磁绕组两端施加恒定的励磁电压，控制绕组两端施加控制电压。当定子绕组加上电压后，伺服电动机很快就会转动起来。通入励磁绕组及控制绕组的电流在电机内产生一个旋转磁场，旋转磁场的转向决定了电机的转向，当任意一个绕组上所加的电压反相时，旋转磁场的方向就发生改变，电机的方向也发生改变。

2.4.2.3 三相异步电动机及其驱动技术的认知

三相异步电动机主要由两个基本部分组成：一是固定不动的部分，称为定子；二是旋转部分，称为转子，其结构如图 2-114 所示。

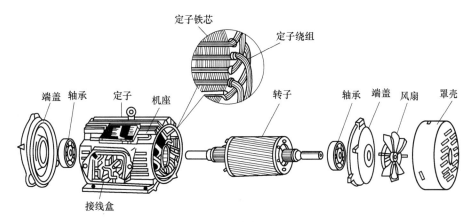

图 2-114 三相异步电动机的结构图

其中，定子由机座、定子铁芯、定子三相绕组和端盖等组成。三相绕组是定子的电路部分，共分三相，分布在定子铁芯槽内，它们在定子内圆周空间的排列彼此相隔 120°，构成对称的三相绕组，如图 2-115 所示。

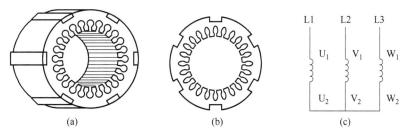

图 2-115 定子铁芯、定子硅钢片及三相绕组

转子由铁芯、绕组、转轴和风扇等组成。转子铁芯为圆柱形，通常由定子铁芯冲片冲下的内圆硅钢片叠成，转子铁芯外圆周上有许多均匀分布的槽，槽内安放转子绕组。转子绕组分为鼠笼式和绕线式两种结构，它们只是构造上不同，工作原理是一致的。其中，绕线式电动机结构复杂、价格较高，一般只用于对启动和调速有较高要求的场合；鼠笼式电动机构造简单、价格低廉，在工业生产中，得到了广泛的应用，图 2-116 所示为鼠笼式转子的结构。

在实际应用中，三相异步电动机定子绕组的三个首端 U_1、V_1、W_1 和三个末端 U_2、V_2、W_2，都是从机座上的接线盒中引出的，根据电动机的容量和需要，定子绕组可以接成星形（Y）或三角形（△），具体接线图如图 2-117 所示。

在实际工业生产中，往往需要对三相交流异步电动机进行调速。所谓电动机的调速，就是用人为的方法改变电动机的机械特性，使在同一负载下获得不同的转速，以满足生产过程的需要。例如，数控机床需要按被加工金属的种类、切削工具的性质等来调节转速。

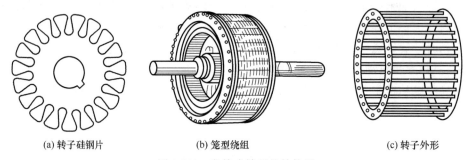

(a) 转子硅钢片　　(b) 笼型绕组　　(c) 转子外形

图 2-116　鼠笼式转子的结构图

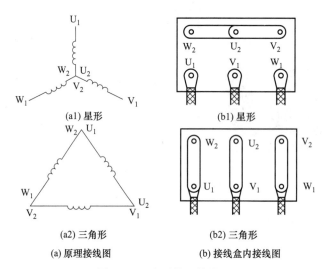

(a1) 星形　　　　　　(b1) 星形

(a2) 三角形　　　　　(b2) 三角形

(a) 原理接线图　　　　(b) 接线盒内接线图

图 2-117　定子绕组接线图

已知异步电动机的转速 n，计算公式如式（2-6），则可得改变电动机的转速有三种方案，即改变电动机的极对数 p、电源频率 f_1 和转差率 s。

$$n=(1-s)n_1=(1-s)\frac{60f_1}{p} \tag{2-6}$$

式中　n_1——旋转磁场的转速，又称为同步转速，r/min；

　　　f_1——定子绕组中电流的频率，Hz；

　　　p——旋转磁场的磁极对数。

变极调速：通过改变三相交流电动机旋转磁场的磁极对数实现电机速度变化的方法，一般有三角形变星形、单星形变双星形的接法；变极调速是有级调速，系统简单，最多 4 段速。

变转差率调速：通过改变电动机转子电路的有关参数，如定子电压、定子绕组串电阻等来实现，只适用于绕线式异步电动机。

变频调速：变频调速是采用变频器改变施加到交流电动机的电源频率的无级调速方法，具有调速范围广、静态稳定性好、运行效率高、使用方便的特点。

所谓变频器（Variable-Frequency Drive，VFD）是应用变频技术与微电子技术，通过改变电机工作电源频率的方式来控制交流电动机的电力控制设备。它常用于三相交流异步电机的速度调节，可实现无级调速，因其通信网络控制简便，目前已在生产自动化中得到了广泛应用。

变频器的分类有多种方法，常用的包括以下三种方法。

① 按变换环节可分为交-交和交-直-交变频器两种，其中，交-交变频器是指把频率固定的交流电源直接变换成频率可调的交流电，又称直接式变频器；交-直-交变频器是指先把频率固定的交流电整流成直流电，再把直流电逆变成频率连续可调的交流电，又称间接式变频器，应用更为广泛。

② 按电压的调制方式可分为脉幅调制和脉宽调制（PWM）变频器两种，其中，PAM是指输出电压的大小通过改变直流电压的大小来进行调制，实际应用较少；PWM是指输出电压的大小通过改变输出脉冲的占空比来进行调制。目前普通应用的是占空比按正弦规律安排的正弦脉宽调制（SPWM）方式。

③ 按直流环节的储能方式可（特指交直交变频器）分为电流型和电压型，其中，电流型是指直流环节的储能元件是电感线圈；而电压型是指直流环节的储能元件是电容器。

下面，本书以应用较为广泛的交-直-交通用变频器为例，介绍变频器组成及其工作原理，其系统框图如图 2-118 所示。变频器主回路由整流回路（交-直交换）、直流滤波电路（能耗电路）、逆变电路（直-交变换）、限流电路、制动电路及控制电路等组成部分，如图 2-118 所示；其通过改变电源频率来改变电源电压，再根据电机的实际需要提供其所需要的电源电压，进而达到节能、调速的目的。

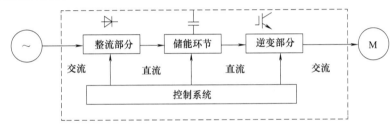

图 2-118　交-直-交通用变频器系统框图

① 整流电路　通用变频器的整流电路一般是由三相桥式整流桥组成，其功能是对工频电源进行整流，经中间直流环节平波后，为逆变电路和控制电路提供所需的直流电源。

② 逆变电路　逆变电路的输出就是变频器的输出，所以逆变电路是变频器的核心电路之一，起着非常重要的作用。逆变电路的作用是在控制电路的作用下，将直流电路输出的直流电转换成频率和电压都可以任意调节的交流电。最常见的逆变电路结构形式是利用六个功率开关器件（GTR、IGBT、GTO 等）组成的三相桥式逆变电路，有规律地控制逆变器中功率开关器件的导通与关断，配合上驱动电路，就可以得到任意频率的三相交流输出。

③ 滤波电路　异步电动机的逆变电路的负载属感性负载，无论异步电动机处于电动或发电状态，在直流滤波电路和异步电动机之间，总会有无功功率的交换，这种无功能量要靠直流中间电路的储能元件来缓冲。此外，三相整流桥输出的电压和电流属直流脉冲电压和电流。为了减小直流电压和电流的波动，直流滤波电路起到对整流电路的输出进行滤波的作用。

④ 驱动电路　驱动电路是将主控系统电路中产生的 PWM 信号，经光电隔离和放大后，作为逆变电路的换流器件（逆变模块）来提供驱动信号。

⑤ 保护电路　当变频器出现异常时，为了使变频器因异常造成的损失减少到最小，常常需要增加保护功能，可增加硬件保护（如检测保护电路）和软件综合保护功能。

⑥ 开关电源电路　开关电源电路向操作面板、主控板、驱动电路及风机等提供低压电源。

⑦ 通信接口电路　当变频器由可编程逻辑器件（PLC）或上位计算机等进行控制时，需经通信接口进行数据交换，通常采用两线制的 RS485 接口或工业以太网接口。

⑧ 外部控制电路　变频器外部控制电路主要是指能够完成频率设定电压输入，频率设定电流输入，正转、反转、点动及停止运行控制，多档转速控制的控制电路。

下面，我们以三相交流异步电机的变频调速为例讲解电气驱动技术在机电一体化系统中的应用。

【学习小结】

2.4.3　任务实施

2.4.3.1　变频器结构的认知

本书所用实训系统采用的是西门子通用变频器 V20，变频器的外形、安装图及内部布局图如图 2-119 所示。

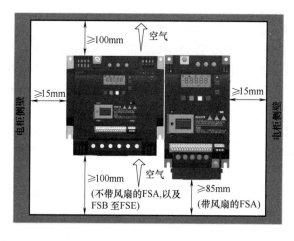
(a) V20 变频器的外形与安装图

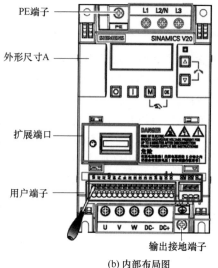
(b) 内部布局图

图 2-119　V20 变频器的外形、安装图及内部布局图

V20 变频器的核心部件为 CPU 单元，根据设定的参数，经过运算输出控制正弦波信号，经过 SPWM 调制放大，输出三相交流电压驱动三相交流电机运转，其具体结构框图和

端子分布如图 2-120 所示。

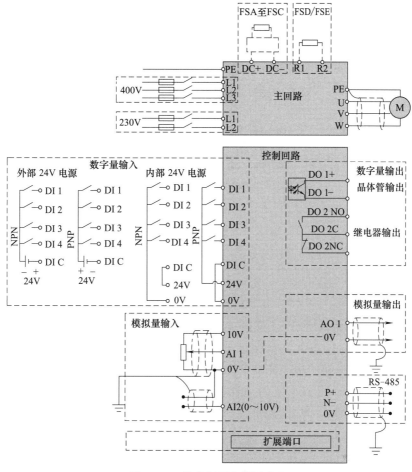

图 2-120　结构框图和端子分布

V20 变频器控制端子主要包括数字输入点（DIN1、DIN2 等）、模拟输入点（AIN1、AIN2 等）、晶体管输出点（DO1＋、DO－等）、继电器输出点（DO2-C、DO2-NC、DO2-NO 等）、模拟量输出（AOUT＋、AOUT－等）以及 RS-485 串行通信接口等，其控制端子分布如图 2-121 所示。

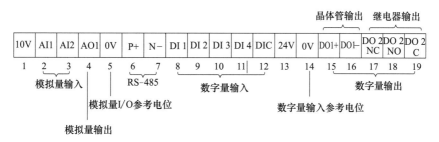

图 2-121　V20 控制端子分布

此外，V20 变频器是一款智能化的数字式变频器，配有人机交互接口基本操作板（BOP）。通过基本操作板（BOP）可以进行四个级别的参数设置，主要包括以下。

① 标准级：可以访问最经常使用的参数。

② 扩展级：允许扩展访问参数的范围，例如变频器的 I/O 功能。
③ 专家级：只供专家使用。
④ 维修级：只供授权的维修人员使用，具有密码保护。

2.4.3.2 变频器调速应用案例的认知

本书所用实训系统主输送带驱动采用的是三相异步交流电动机，其速度与方向的控制采用西门子通用变频器 V20，其电气连接图如图 2-122 所示。

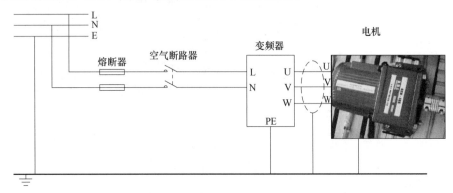

图 2-122 三相异步交流电动机与 V20 变频器的电气接线图

基本操作面板（BOP）如图 2-123 所示，利用它可以改变变频器的各个参数，其具有 7 段显示的五位数字，可以显示参数的序号和数值，报警和故障信息，以及设定值和实际值，表 2-8 给出了其各功能按钮的功能及说明。

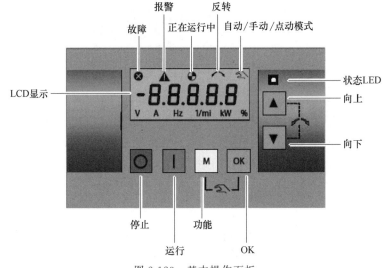

图 2-123 基本操作面板

表 2-8 基本操作面板上的按钮及其功能

按钮	功能说明	
	停止变频器	
○	单击	OFF1 停止方式：电机按参数 P1121 中设置的斜坡下降时间减速停止
	双击（<2s）或长按（>3s）	OFF2 停止方式：电机不采用任何斜坡下降时间，按惯性自由停止

续表

按钮	功能说明	
I	启动变频器	
M	多功能按钮	
M	短按（<2s）	①进入参数设置菜单或转至下一显示界面 ②就当前选项重新开始按位编辑 ③在按位编辑模式下连按两次即返回编辑前界面
M	长按（>2s）	①返回状态显示界面 ②进入设置菜单
OK	短按（<2s）	①在状态显示数值间切换 ②进入数值编辑模式或换至下一位 ③消除故障
OK	长按（>2s）	快速编辑参数号或参数值
▲	①当浏览菜单时，按下该按钮即向上选择当前菜单下可用的显示界面 ②当编辑参数值时，按下该按钮增大数值 ③当变频器处于"运行"模式时，按下该按钮增大速度 ④长按（>2s）该按钮快速向上滚动参数号、参数下标或参数值	
▼	①当浏览菜单时，按下该按钮即向下选择当前菜单下可用的显示界面 ②当编辑参数值时，按下该按钮减小数值 ③当变频器处于"运行"模式时，按下该按钮减小速度 ④长按（>2s）该按钮快速向下滚动参数号、参数下标或参数值	
▲ + ▼	使电机反转。按下该组合键一次启动电机反转。再次按下该组合键撤销电机反转	

在实际应用中需要根据系统的具体要求，对变频器的参数进行设定，下面列举一个V20变频器应用实例。例如：要求电动机能实现高、中、低三种转速的调整，高速时运行频率为15Hz，中速时为10Hz，低速时为5Hz，变频器由外部数字量控制，且具有反转功能。

要达到上述的控制要求，必须熟悉V20变频器的参数及其功能。参数编号用"r"或"P"加上0000～9999的4位数字表示。当参数为"r××××"时，表示该参数是"只读"参数。当参数为"P××××"表示该参数的设定值可以进行修改设定。

用BOP可以修改和设定系统参数，从而使变频器具有期望的特性，例如：斜坡时间、最小和最大频率等。选择的参数号和设定的参数值会在LCD上显示。更改参数的步骤大致归纳为：查找所选定的参数号；进入参数值访问级，修改参数值；确认并存储修改好的参数值。具体见图2-124。

为了完成上述任务，这里对部分常用参数的设置说明如下。

① 参数P0003用于定义用户访问参数组的等级，设置范围为0～4，该参数默认值设置为等级1（标准级）。

② 参数P0010是调试参数过滤器，其设定值包括：0（准备）、1（快速调试）、2（变频

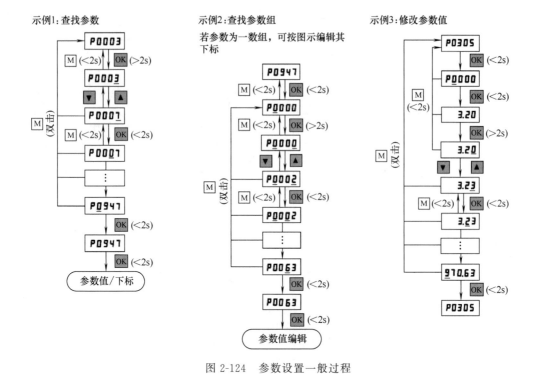

图 2-124 参数设置一般过程

器)、29(下载)、30(工厂的缺省设定值)。当选择 P0010=1 时,可进行快速调试;若选择 P0010=30,则进行把所有参数复位为工厂的缺省设定值的操作。应注意的是,在变频器投入运行之前应将本参数复位为 0。

③ 按任务要求设置参数。任务要求电动机实现正反转且转速可分级调整,则应调整变频器的 P0701 和 P0702 参数,来定义 DIN1 为正转启停、DIN2 为反转启停;调整 P0703 和 P0704 定义 DIN3 为固定频率源 1、DIN4 为固定频率源 2;而参数 P1001 和 P1002 则按转速要求设定为固有频率值,调整变频器参数的步骤如下。

　　a. 在 BOP 操作板上修改 P0700,使 P0700=2,选择命令源。
　　b. 修改 P0701(数字输入 1 的功能),使 P0701=1,设定为 ON/OFF 功能。
　　c. 修改 P0702(数字输入 2 的功能),使 P0702=2,设定为反转 ON/OFF 功能。
　　d. 修改 P0703(数字输入 3 的功能),使 P0703=16,设定为固定频率 1。
　　e. 修改 P0704(数字输入 4 的功能),使 P0704=17,设定为固定频率 2。
　　f. 修改 P1001(固定频率 1),使 P1001=10。
　　g. 修改 P1002(固定频率 2),使 P1002=5。

根据上述参数的说明,将数字输入点 DIN3 置为高电平、DIN4 置为低电平,变频器启动后输出频率为 10Hz;将数字输入点 DIN3 置为低电平、DIN4 置为高电平,变频器启动后输出频率为 5Hz;将数字输入点 DIN3 置为高电平、DIN4 置为高电平,变频器启动后输出频率为 15Hz;将数字输入点 DIN1 置为高电平、DIN2 置为低电平电动机正转;将数字输入点 DIN1 置为低电平、DIN2 置为高电平电动机反转。变频调试是交流调试的发展方向,目前得到了广泛的应用。当前变频器越来越智能化,应用中应重点关注其参数设置及其外部设备的连接与控制。

任务 2.5　气动技术在机电一体化系统中的应用认知

2.5.1　任务目标

(1) 熟悉气压传动系统的组成。
(2) 掌握气动控制阀的结构、功能及其工作原理。
(3) 掌握气动基本回路分析方法，能正确识读简单的气动系统回路图。

【任务导入】

机电一体化系统驱动技术主要包括电气驱动技术、液压驱动技术和气压驱动技术等三类，其中，由于节能环保、防火防爆、寿命长、安全方便等优势，气动技术得到广泛应用。试列出市场上主流气动装置的品牌型号，以某一品牌型号为例（如费斯托 Festo），说明常用气动元件结构、功能及工作原理，并尝试探讨气压传动系统的一般设计方法步骤。

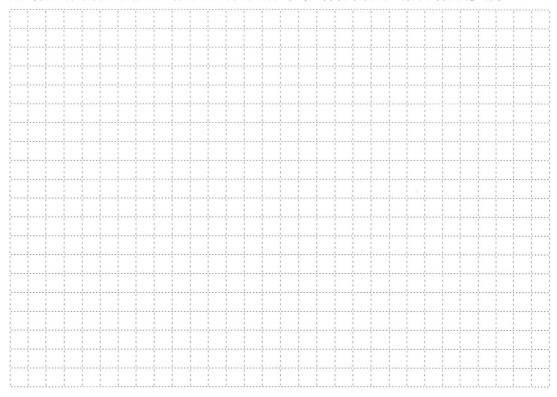

2.5.2　知识技术准备

2.5.2.1　气压传动工作原理及系统组成

2000 年前，希腊人 KSTESIBIOS 制造了一门空气弩炮，成为使用气动技术的第一人，20 世纪中期，气动技术开始在工业生产上实际应用并迅速推广。近年来已向集成化、微型化、模块化、智能化方向发展，市场上常见的品牌有费斯托（Festo）、日本 SMC、日本 CKD、中国台湾 AIRTAC 以及中国济南华能等。

气压传动系统的工作原理是空气压缩机将电动机或其他原动机输出的机械能化为空气的压力机，然后在控制元件和辅助元件的作用下，通过执行元件把压力能转化为机械能，从而完成所要求的直线或旋转运动，并对外做功。它具有能源环保、防火防爆、可靠性高、寿命长、安全方便等优点，但其稳定性差、输出功率小、噪音大、难以实现精确定位等缺点也限制了其使用领域。

气压传动系统主要是由气源装置、气动执行元件（气缸与气马达）、气动控制元件（各种控制阀）及气动辅助元件等部分组成。其中，气源装置及气动辅助元件具体介绍如下。

（1）气源装置

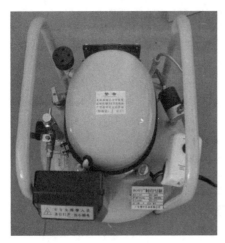

图 2-125　空气压缩站

气源装置为气压传动系统中满足一定要求的压缩空气动力源，一般由气压发生装置、压缩空气的净化装置和传输管道组成。

常见的气源装置为空气压缩站，其主要由空气压缩机、储气罐和后冷却器等部分组成，如图 2-125 所示。其中，空气压缩机是气压发生装置，一般由电动机带动，将机械能转换为气体压力能。后冷却器的作用是将空气压缩机排出的压缩空气温度由 140～170℃冷却到 40～50℃，并使其中的水蒸气和油雾冷凝成水滴和油滴经除油器排出，以便对压缩空气实施进一步净化处理。储气罐的作用是用来储存一定量的压缩空气，调节空压机输出气量与用户耗气量之间的不平衡状况，减小空气压缩机输出气流脉动，保证连续、稳定的气流输出，以保证安全正常工作。

空气压缩机的种类很多，按输出压力大小可分为低压空压机（0.2～1MPa）、中压空压机（1.0～10MPa）、高压空压机（10～100MPa）等，也可以按输出流量（排量）划分，应根据实际需要进行选择。

（2）气动辅助元件

自然界中的空气是一种混合物，主要是由氧气、氮气、水蒸气、其他微量气体和一些杂质（如尘埃、其他固体粒子等）等组成。空气中水分、油分和固体杂质粒子等的含量是决定系统能否正常工作的重要因素。因此，空气压缩站须与气动辅助元件配套使用。气动辅助元件主要包括除油器、油雾器、空气过滤器等，下面对其进行简要介绍。

① 除油器　一般安装在后冷却器后的管道上，其功能是分离压缩空气中所含的油分、水分和灰尘等杂质，使压缩空气得到初步净化。

② 油雾器　其主要的功用是润滑气动元件。气动控制中的各种阀和气缸都需要润滑，如气缸的活塞在缸体中往复运动，若没有润滑，活塞上的密封圈很快就会磨损，影响系统的正常工作，因此必须给系统进行润滑。

③ 空气过滤器　滤尘能力较强。

在气动技术中，将空气过滤器（F）、减压阀（R）和油雾器（L）三种气源处理元件组装在一起称为气动三联件（即 F.R.L），用以气源净化过滤和气源压力减压，相当于电路中的电源变压器的功能，是气动系统中不可缺少的辅助装置，实物及示意图如图 2-126、图 2-127 所示。

图 2-126 空气过滤器、减压阀和油雾器及其符号

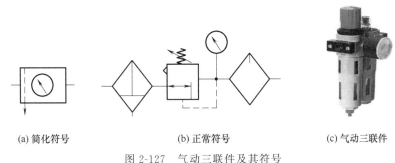

图 2-127 气动三联件及其符号

2.5.2.2 气动执行元件

气动执行元件是将压缩空气的压力能转化为机械能的能量转换装置,主要包括气缸和气马达。其中,气缸是气动机电一体化系统中使用最为广泛的一种执行元件,其分类有多种,按气缸的功能分为普通气缸(包括单作用式和双作用式气缸)和特殊气缸(包括气爪、气动摆台、薄壁气缸等)。

(1) 普通气缸

普通气缸是指在缸筒内只有一个活塞和一根活塞杆的气缸,有双作用气缸和单作用气缸两种,如图 2-128 所示。

① 单作用气缸 这种气缸在缸盖一端气口输入压缩空气使活塞杆伸出(或退回),而另一端靠弹簧、自重或其他外力等使活塞杆恢复到初始位置,它在夹紧装置中应用较多。

② 双作用气缸 通过无杆腔和有杆腔的交替进气和排气,使活塞杆伸出和退回,气缸实

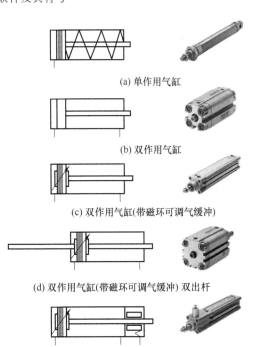

图 2-128 普通气缸及其符号

现往复直线运动。

(2) 特殊气缸

① 气动手指（气爪） 常用于抓取、夹紧工件。气爪通常有滑动导轨型、支点开闭型和回转驱动型等工作方式。滑动导轨型气动手指实物与工作原理如图 2-129 所示。

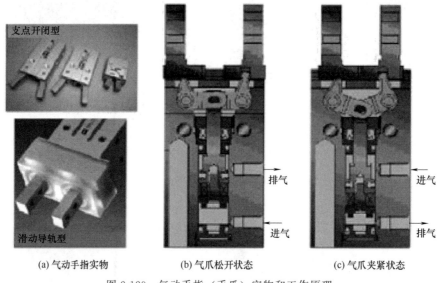

(a) 气动手指实物　　(b) 气爪松开状态　　(c) 气爪夹紧状态

图 2-129　气动手指（手爪）实物和工作原理

② 气动摆台　气动摆台是直线气缸驱动齿轮齿条实现回转运动的，回转角度能在 0～90°和 0～180°之间任意可调，而且可以安装磁性开关，检测旋转到位信号，多用于方向和位置需要变换的机构，如图 2-130 所示。

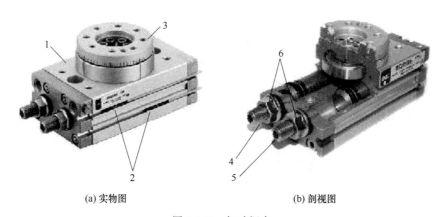

(a) 实物图　　　　　　　　(b) 剖视图

图 2-130　气动摆台

1—基体；2—磁性开关；3—回转凸台；4—调节螺杆 1；5—调节螺杆 2；6—反扣螺母

2.5.2.3　气动控制元件

气动控制元件是指控制气体的压力、流量及流动方向，保证气动执行元件或机构按规定程序正常工作的各类气动元件，主要包括压力控制阀、流量控制阀和方向控制阀等，下面对其进行介绍。

(1) 压力控制阀

前文中提到，当一个空压站输出的压缩空气可供多台气动装置使用时，空压站提供的空气压力高于各气动装置所需的压力,且压力波动较大。此时,空压站输出气体需要用减压阀减压,并保持稳定。一般情况下,压力控制阀有减压阀、溢流阀(安全阀)和顺序阀三类。

① 减压阀 减压阀的作用是将较高的输入压力调定到规定的输出压力,并能保持输出压力稳定,不受空气流量变化及气源压力波动的影响。

② 溢流阀 溢流阀(安全阀)的作用是当系统中的工作压力超过调定值时,把多余的压缩空气排入大气,以保持进口压力的调定值。实际上,溢流阀是一种用于保持回路工作压力恒定的压力控制阀;而安全阀是一种防治系统过载、保证安全的压力控制阀。

③ 顺序阀 顺序阀也称压力顺序阀,是依靠回路中压力的变化来控制顺序动作的一种压力控制阀,如图 2-131 所示。

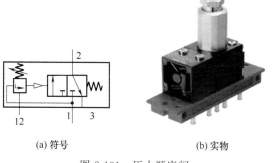

(a) 符号　　　　(b) 实物

图 2-131　压力顺序阀

(2) 流量控制阀

在气动自动化系统中,通常需要对压缩空气的流量进行控制,如气缸的运动速度、延时阀的延时时间等都需要流量控制。对流过管道(或元件)的流量进行控制,只需改变管道的截面积就可以。实现流量控制的方法有两种:一种是不可调的流量控制,如毛细管、孔板等;另一种是可调节的流量控制阀,如节流阀,常用的有节流阀有平板阀、针阀和球阀。

节流阀的符号及实物如图 2-132(a)、(b) 所示。图 2-132(c)、(d) 所示为单向节流阀,是由单向阀和节流阀组合而成的流量控制阀,常用于控制气缸的速度,又称为速度控制阀。单向节流阀只能在一个方向上对流量进行控制,这种控制阀用于气动执行元件的速度调节时应尽可能直接安装在气缸上。图 2-132(e)、(f) 所示为装有节流阀的气缸安装示意图和实物。

(3) 方向控制阀

能改变气体流动方向或通断的控制阀称为方向控制阀。主要分类如下。

① 按阀内气流的作用方向分类,可分为换向型方向控制阀和单向型方向控制阀两大类。其中,换向型控制阀(简称换向阀)是能够改变气流流动方向的控制阀,如气控阀、电磁阀等。此外,气流只能沿着一个方向流动的控制阀称为单向型控制阀,如单向阀、梭阀、双压阀和快速排气阀等。

② 按阀的切换位置和管路口的数目分类,可分为几位几通阀。其中,阀的切换位置称为位,有几个切换位置就称几位阀,经常使用的有二位阀、三位阀等;阀的管道口(包括排气口)称为通,有几个管道口就称为几通,常见的有二通、三通、四通、五通。下面我们定义一下"阀"的符号表示方法:"b/a",其中,a 代表"位",b 代表"通",具体如图 2-133 所示。

图 2-132 中有几个方格就是几位,方格中的"┬"和"┴"符号表示各接口互不相通。阀芯具有三个工作位置的阀称为三位阀。当阀芯处于中间位置时,各通口成关断状态则称中封式;若输出口全部与排气口接通则称中泄式;若输出口都与输入口接通则称中压式,具体见图 2-133(c)～(e)。

一般压力入口、压力出口、控制口以及排气口有字母和数字两种标注方法,具体如表 2-9 所示。下面以两位电磁阀为例,图 2-134 所示为部分常用两位电磁阀符号及实物。

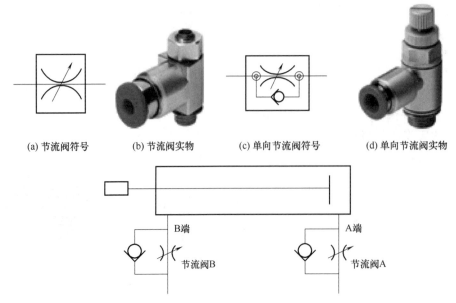

(a) 节流阀符号　　(b) 节流阀实物　　(c) 单向节流阀符号　　(d) 单向节流阀实物

(e) 单向节流阀安装示意图

(f) 单向节流阀安装图

图 2-132　节流阀符号、实物及其安装图

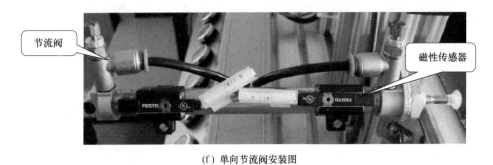

(a) 4/2 两位四通阀　　(b) 5/2 两位五通阀　　(c) 5/3 三位五通阀中封式

(d) 5/3 三位五通阀中压式　　(e) 5/3 三位五通阀中泄式

图 2-133　常用方向控制阀的符号表示

表 2-9　气口的数字及字母表示方法

气口名称	数字表示	字母表示
进气口	1	P
工作口或输出口	2,4	A,B,C
排气口	3,5	R,S,T
控制口	12,14	X,Y,Z

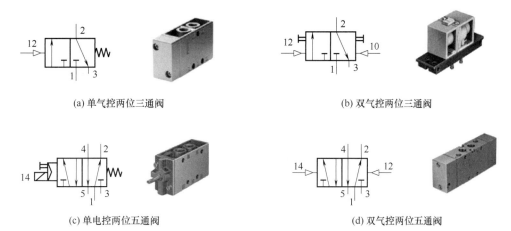

图 2-134 常用两位电磁阀符号及实物

③ 按控制方式分类，常用的有气压控制、电磁控制、人力控制和机械控制四类。其中，人力控制和机械控制如图 2-135（a）～（g）所示。气压控制换向阀是指气控换向阀利用气体压力使主阀芯运动而使气流改变流向，如图 2-135（h）所示。电磁控制换向阀主要由电磁铁控制部分和主阀两部分组成，按控制方式不同分为电磁铁直动式和先导控制式电磁换向阀两种。直动式电磁换向阀是指由电磁铁的衔铁直接推动换向阀阀芯换向的阀，如图 2-135（i）所示。先导式电磁换向阀可分为单电磁铁控制和双电磁铁控制两种。该阀的先导控制部分，实际上是一个电磁阀，先导式电磁阀是由电磁先导阀和主阀两部分组成，如图 2-135（j）所示。

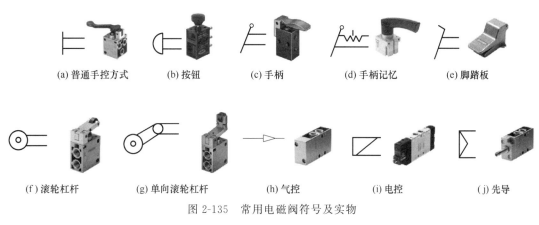

图 2-135 常用电磁阀符号及实物

此外，图 2-136 还给出了梭阀（或阀）、双压阀（与阀）的符号及其实物。

图 2-136 梭阀和双压阀的符号及实物

2.5.2.4 气动系统中的基本控制回路

在气动系统中，经常要求控制气动执行元件的运动速度，这要靠调节压缩空气的流量来

项目 2 机电一体化关键技术的应用认知

实现。其中，流量控制阀就是通过改变阀的通流截面积来实现流量控制的元件，它包括节流阀、单向节流阀、排气节流阀等。下面，我们以流量控制阀速度控制回路为例，来了解气动基本控制回路的构建。

速度控制回路用来调节气缸的运动速度或实现气缸的缓冲等。因气动系统所用功率都不大，故常用的调速回路主要是节流调速。从理论上讲，气缸活塞的速度控制可以采用进气节流调速和排气节流调速。采用进气节流调速时，容易产生"爬行"现象。以单杆活塞缸活塞杆伸出为例，在进气节流时，进气流量小，排气流量大，很可能出现供气不足，则活塞会停止前进，直到继续充气到活塞能克服负载时，活塞又开始前进。这种活塞"忽走忽停""忽快忽慢"的现象称为气缸的"爬行"。因此，在实际应用中，绝大多数采用排气节流调速。排气节流调速回路中，排气腔内可以建立与负载相适应的背压，在负载保持不变或有微小变动的条件下，运动比较平稳。以下介绍几种常见的速度控制回路，具体如图 2-137～图 2-139 所示。

(1) 单作用气缸的速度控制回路

图 2-137（a）使用两个单向节流阀来分别控制活塞的升降速度，图 2-137（b）采用节流阀调节活塞上升的速度，活塞下降时，气缸下腔通过快速排气阀排气。

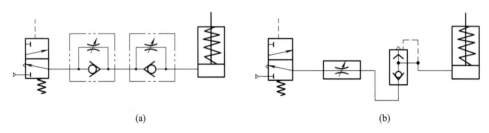

图 2-137　单作用气缸的速度控制回路

(2) 双作用气缸的速度控制回路

① 调速回路　图 2-138（a）使用单向节流阀实现排气节流调速，图 2-138（b）使用节流阀实现排气节流调速。

② 缓冲回路　当活塞向右运动时，缸右腔的气体经机动控制阀及三位五通阀被排掉，当活塞运动到末端碰到机动阀时，气体经节流阀被排掉，活塞运动速度得到缓冲，调整机动阀的安装位置就可改变缓冲的开始时间，如图 2-139 所示。

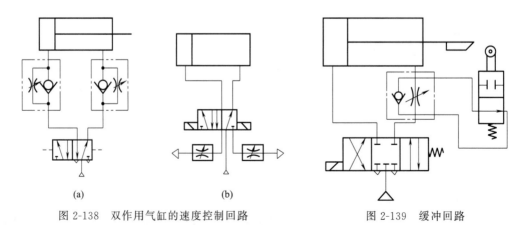

图 2-138　双作用气缸的速度控制回路　　　图 2-139　缓冲回路

在机电一体化系统中,PLC控制的气动系统最为常见的。PLC控制部分主要完成信号控制和处理,而气动执行部分是整个系统的终端输出,将压缩空气的压力能转化为机械能,直接驱动应用对象,如车门、传送带、导轨、夹具等。它受控于电气控制系统的作用,在适当的时机按适当的动作方式执行。在进行PLC控制的气动系统设计时,我们通常根据控制要求分别设计气动回路和电气回路,两部分回路分开表示,气动回路图按照习惯放置于电气回路图的上方或左侧,且图上的文字符号应保持一致。

【学习小结】

2.5.3 任务实施

2.5.3.1 气泵的认知

气泵主要是用来生产具有足够压力和流量的压缩空气,并将其净化、处理及储存的一套装置,主要由空气压缩机、压力开关、储气罐、压力表、气源开关、电控盒等组成,如图 2-140 所示。

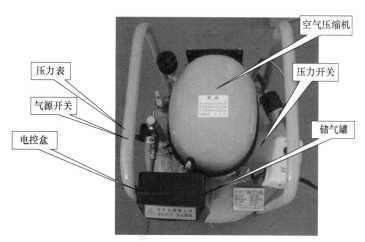

图 2-140 气泵的外形及组成

2.5.3.2 气动执行元件的认知

气动系统常用的执行元件为气缸和气马达。其中,气缸用于实现直线往复运动,而气马达常用于实现连续回转运动。在本书所采用的实训系统中只用到了气缸,包括笔形气缸、双杆导向气缸、紧凑型气缸、无杆气缸等,如图 2-141 所示。

(a) 笔形气缸

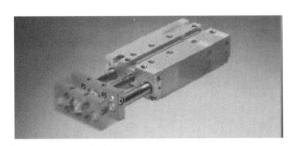

(b) 双杆导向气缸

(c) 紧凑型气缸

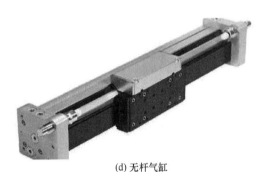

(d) 无杆气缸

图 2-141 设备中的气缸外形

气缸的种类很多，分类方法也不同，主要有如下几种。

① 一般可按压缩空气作用在活塞端面上的方向、结构特征和安装形式来分类，也可按尺寸分类，通常将缸径为 2.5~6mm 的称为微型气缸，8~25mm 为小型气缸，32~320mm 为中型气缸，大于 320mm 为大型气缸。

② 按安装方式分为固定式气缸和摆动式气缸两种。

③ 按润滑方式分类可分为给油气缸和不给油气缸两种。

④ 按驱动方式分为单作用气缸和双作用气缸两种。图 2-142 所示为普通型单活塞双作用气缸结构。

所谓双作用是指活塞的往复运动均有压缩空气来推动。在单伸出活塞杆的动力缸中，因活塞右边面积比较大，当空气压力作用在右边时，提供一慢速的和作用力较大的工作行程；返回行程

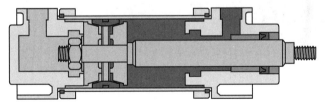

图 2-142 单活塞双作用气缸结构

时,由于活塞左边的面积较小,所以速度较快而作用力变小。此类气缸的使用最为广泛,一般应用于包装机械、食品机械、加工机械等机电一体化设备上。

2.5.3.3 气动控制元件的认知

在本书所采用的实训系统中使用的气动控制元件,主要包括压力控制阀、流量控制阀、方向控制阀,下面分别对它们进行介绍。

（1）压力控制阀

在本书所采用的实训系统中主要使用减压阀实现压力控制。减压阀的作用是降低由空气压缩机来的压力,以满足每台气动设备的需要,并使这一部分压力保持稳定,图 2-143 所示为直动式减压阀的实物图。

（2）流量控制阀

在本书所采用的实训系统中使用的流量控制阀主要是节流阀。节流阀将空气流通截面缩小以增加气体流通阻力,从而降低气体压力和流量。如图 2-144 所示,阀体上有一个调整螺钉,可以调节节流阀的开口度（无级调节）,并可保持其开口度不变,此类阀称为可调节开口节流阀。

图 2-143 直动式减压阀

图 2-144 可调节开口节流阀

可调节流阀常用于调节气缸活塞的运动速度,可直接安装在气缸上。这种节流阀有双向节流作用。使用节流阀时,节流面积不宜太小,因为空气中的冷凝水、尘埃等塞满阻流口通路会引起节流量的变化。

为了使气缸的动作平稳可靠,气缸的作用气口都安装了限出型气缸节流阀。气缸节流阀的作用是调节气缸的动作速度。节流阀上设置带有气管的快速接头,只要将合适外径的气管快速往接头上一插就可以将管连接好,使用十分方便。

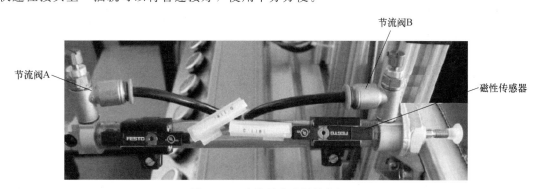

图 2-145 安装了节流阀的气缸

项目 2　机电一体化关键技术的应用认知

图 2-145 所示为一个双动气缸装含有两个限出型气缸节流阀的连接和调节实物示意图，左侧为节流阀 A，右侧为节流阀 B。当调节节流阀 B 时，可调整气缸的伸出速度；调节节流阀 A 时，可调整气缸的缩回速度。

（3）方向控制阀

方向控制阀是用来改变气流流动方向或通断的控制阀，通常使用的是电磁阀。电磁阀是利用电磁线圈通电时静铁芯对动铁芯产生电磁吸力使阀芯切换，达到改变气流方向的目的。

所谓"位"指的是为了改变气体方向，阀芯相对于阀体所具有的不同的工作位置。"通"的含义则指换向阀与系统相连的通口，有几个通口即为几通。图 2-146 分别给出二位三通、二位四通和二位五通单控电磁换向阀的图形符号。

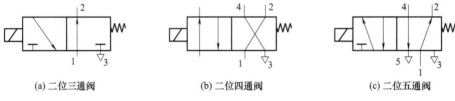

(a) 二位三通阀　　　　　　　　(b) 二位四通阀　　　　　　　　(c) 二位五通阀

图 2-146　电磁换向阀图形符号

本书所采用的实训系统中所有工作单元的执行气缸都是双作用气缸。因此，控制它们工作的电磁阀需要有两个工作口和两个排气口以及一个供气口，故使用的电磁阀均为二位五通电磁阀。

图 2-147　阀组结构

此外，本书所采用的实训系统中采用电磁阀组的连接形式，就是将多个阀与消音器、汇流板等集中在一起构成一组控制阀，但每个阀的功能是彼此独立的。电磁阀是集中安装在汇流板上的。汇流板中两个排气口末端均连接了消音器，消音器的作用是减少压缩空气在向大气排放时的噪音。阀组的结构如图 2-147 所示。

双电控电磁阀与单电控电磁阀的区别：对于单电控电磁阀，在无电控信号时，阀芯在弹簧力的作用下会被复位；对于双电控电磁阀，在两端都无电控信号时，阀芯的位置取决于前一个电控信号。

任务 2.6　人机界面在机电一体化系统中的应用认知

2.6.1　任务目标

（1）熟悉组态软件和人机界面的概念及特点。
（2）掌握人机界面组态的一般布置方法。

【任务导入】

组态软件和触摸屏能够完成工业自动控制系统的监控功能，试列出市场上主流组态软件和触摸屏的品牌型号,以某一品牌型号为例(如西门子 SIEMENS),说明组态软件和人机界面的定义、功能及其工作原理,并尝试探讨人机界面组态的一般设计方法及步骤。

2.6.2 知识技术准备

2.6.2.1 工业组态软件

(1) 组态软件概述

组态软件(Supervisory Control and Data Acquisition,简称 SCADA),又称"组态监控系统软件"或"数据采集与监视控制",是指数据采集与过程控制的专用软件,也是指在自动控制系统中监控层一级的软件平台和开发环境。它通过灵活的组态方式,可让用户快速构建工业自动控制系统的监控功能和通用层次,广泛应用于电力系统、给水系统、装备制造、石油化工等领域。

20 世纪 70 年代,随着计算机的开发、应用和普及,使对整个工艺流程的集中控制成为可能,集散型控制系统(DCS)随即问世,与此同时,"组态"的概念伴随着 DCS 系统的出现开始走进工业自动化应用领域,其具有如下特点。

① 界面设计友好 组态软件提供友好的 Windows 风格图形化用户界面(Graphics User Interface,GUI),包含了大量的工业设备图符、仪表图符以及趋势图、历史曲线、数据分析图等。

② 通信功能强大 组态软件具有强大的通信功能和良好的开放性,组态软件向下可以与数据采集硬件通信,向上可与管理网络互联,可以与不同类型的 PLC、仪表、智能模块和板卡进行数据通信交换,采集工业现场的各种信号,从而对工业现场进行监视和控制。

③ 简单易学 使用组态软件不需要掌握太多的编程语言,根据工程实际情况,利用其提供的底层设备(PLC、智能仪表、智能模块、板卡、变频器等)的 I/O 驱动、开放式的数据库和界面制作工具,就能完成一个具有动画效果、实时数据处理、历史数据和曲线并存、具有多媒体功能和网络功能的复杂工程。

④ 扩展性好 组态软件可以为其他应用软件提供数据,也可以接收数据,从而将不同的系统关联整合在一起。此外,多个组态软件之间可以互相联系,提供客户端和服务器架构,通过网络实现分布式监控,从而实现复杂的系统监控。

⑤ 柔性化好 利用组态软件开发的应用程序,当现场条件(包括硬件设备、系统软件等)或用户需求发生改变时,不需要太多的修改就可以方便地完成软件的更新和升级。

⑥ 多任务运行　组态软件开发的项目中，数据采集与输出、数据处理与算法实现、图形显示及人机对话、实时数据的存储、检索管理、实时通信等多个任务可以在同一台计算机上同时运行。

(2) 常见的组态软件品牌

① 国外组态软件

a. InTouch 组态软件：英国 Wonderware 公司产品，世界第一个组态软件。其中，Wonderware 公司成立于 1987 年，是在制造运营系统率先推出基于 Microsoft Windows 平台的人机界面（HMI）自动化软件的先锋。该组态软件由 InTouch 应用程序管理器、Window Maker 和 Window Viewer 三个主要程序组成。

b. IFix 组态软件：美国 GE 公司的产品，由外设驱动、实时数据库、报警服务、历史数据服务和图形服务等五部分组成。其可以提供真正的分布式、客户/服务器结构，为系统提供最大的可扩展性，数据库和监控画面可以分开，一个数据库可供多个 iClient 连接，一个 iClient 可连接多个数据库。

c. WinCC 组态软件：德国西门子 Siemens 公司的产品，WinCC 具有强大的脚本编程范围，包括从图形对象上单个的动作到完整的功能以及独立于单个组件的全局动作脚本。其对 IT 和商业集成进行了优化，集成了 Microsoft SQLServer 2000 数据库，增加了客户端的数据评估工具，增加了用于业务集成的开放式接口。WinCC 系统是以实时数据库为核心，各种功能性数据存储都是围绕实时数据库展开的，比如历史数据库系统、报警系统、画面系统及组态数据库系统等。实时数据库通过通信驱动程序接口来与硬件设备进行通信，从而形成了功能强大的 WinCC 组态软件。

d. Movicon 组态软件：意大利著名自动化软件供应商 PROGEA 公司产品，PROGEA 公司自 1990 年开始开发基于 Microsoft Windows 平台的自动化监控软件。本软件以简单易用、稳定可靠著称，全面支持 Windows 平台，通过保持和扩展其伸缩性，已成为工业自动化、远程控制及各种自动化领域中的标准软件平台。

e. RSView 组态软件：美国罗克韦尔自动化的组态产品，是第一个在图形显示中利用 ActiveX TM、Visual Basic Application、OPC（面向过程控制的 OLE）的 HMI 产品，提供了监视、控制及数据采集等必要的全部功能且使用方便，是一个可扩展性强、监控性能高并有很高再利用性的监控组态软件包。

② 国内组态软件

a. Force Control 组态软件：北京三维力控科技有限公司的组态产品，力控通用监控（Force Control）组态软件是一款通用型的人机可视化监控组态软件，是国内率先以分布式实时数据技术作为内核的自动化软件产品。本软件提供易用折配置工具和行业套件，具有良好的用户开发界面和简捷的工程实现方法，支持和国内外各种工业控制厂家的设备进行网络通信，提供的软、硬件接口可实现与第三方软、硬件系统的集成，同时可与力控产品家族中的其他产品无缝集成，实现工业互联。

b. King View 组态软件：北京亚控科技发展有限公司组态产品。本软件具有集成化管理、模块式开发、可视化操作，智能化诊断及控制、使用简单方便、运行安全可靠等特点。全新的数据块式采集理念极大地提高了采集效率。此外，其具有良好的开放性，支持 Activex 控件、OPC、DDE、API。通过标准的协议规范，第三方软件可以轻松地实现和组态软件的数据交换。另外，该产品构建了一个开放性数据平台，可以将任何控制系统、远程终端系统、数据库、历史库以及企业其他系统进行融合，能够最大限度地帮助企业搭建智能监控管理平台。

c. MCGS组态软件：北京昆仑通态自动化软件科技有限公司研发的一套基于Windows平台的，可用于快速构造和生成上位机监控系统的组态软件系统。其主要用以完成现场数据的采用与监测、前端数据的处理与控制，可运行于 Microsoft Windows 95/98/Me/NT/2000/XP 等操作系统。

此外，还有紫金桥监控组态软件、世纪星组态软件等等。

2.6.2.2 人机界面（HMI）

人机界面（Human-Machine Interaction，简称HMI），是人与计算机之间传递、交换信息的媒介和对话接口，连接可编程序控制器（PLC）、变频器、直流调速器、仪表等工业控制设备，利用显示屏显示，通过输入单元（如触摸屏、键盘、鼠标等）写入工作参数或输入操作命令，实现人与机器信息交互的数字设备，由硬件和软件两部分组成。目前，市场上常见的品牌有 Pro-face（普洛菲斯）、SIEMENS（西门子）、WeinView（威纶）、OMRON（欧姆龙）、MCGS（昆仑通态）、HITECH（海泰克）、eView（深圳步科）等。

人机界面的硬件部分包括处理器、显示单元、通信接口、数据存储单元等，如图2-148所示，其中处理器的性能决定了HMI产品的性能高低，是HMI的核心单元。根据HMI的产品等级不同，处理器可分为8位、16位、32位。人机界面的软件一般分为两部分，即运行于HMI硬件中的系统软件和运行于PC机Windows操作系统下的画面组态软件。使用者都必须先使用HMI的画面组态软件制作"工程文件"，再通过PC机和HMI产品的串行通信口，把编制好的"工程文件"下载到HMI的处理器中运行。

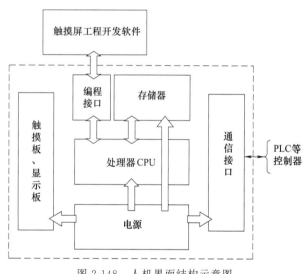

图 2-148 人机界面结构示意图

按选用的显示部件不同，人机界面产品可分为薄膜键输入的HMI、触摸屏输入的HMI以及基于平板PC计算机的HMI，其中前两种属于中低端产品，其画面组态软件均免费，而基于平板PC计算机的HMI属高端产品，其画面组态软件要收费。HMI功能要求有概貌显示、分组显示、单点显示、历史趋势显示、报警点摘要显示、动态模拟流程显示，可用文字或图形动态地显示控制设备中开关量的状态和数字量的数值。通过各种输入方式，可将操作人员的开关量命令和数字量设定值传送到控制设备。

人机界面使用和设计方法的一般步骤可以归纳如下：
① 明确监控任务要求，选择适合的HMI产品；
② 在PC机上用画面组态软件编辑"工程文件"；
③ 测试并保存已编辑好的"工程文件"；
④ PC机连接HMI硬件，下载"工程文件"到HMI中；
⑤ 连接HMI和工业控制器（如PLC、仪表等），实现人机交互。

【学习小结】

2.6.3 任务实施

2.6.3.1 人机界面的总体认知

本书所用的实训系统使用的是西门子 KTP 系列触摸屏，其外形如图 2-149 所示，其主要功能如下。

① 触摸屏的功能可视化　动态显示生产现场的数据和执行机构的运行。

② 控制　用户通过图形界面操控系统运行过程、修改系统运行参数。

③ 报警显示　系统运行在临界状态时会触发报警。

④ 记录归档　记录系统运行过程数据并归纳存储，便于以后检索。

⑤ 过程和设备的参数管理　将系统不同的运行状态的参数分类存储（配方），针对不同的生产过程调用不同的配方，以提高系统的灵活性。

2.6.3.2 人机界面的工程案例认知

（1）制作工程的一般步骤

一个用于触摸屏的可视化监控系统，通常包含以下几个步骤：①创建项目；②添加设备；③组态设备；④创建变量；⑤创建画面；⑥组态画面图形对象；⑦组态报警；⑧组态数据记录和趋势图。

（2）工程样例

① 创建项目　双击"TIA Portal V14"快捷方式，进入博途软件，选择项目视图，如图 2-150 所示。

图 2-149　KTP 系列触摸屏外形

图 2-150　项目视图

打开项目视图后，创建项目，界面如图 2-151 所示。

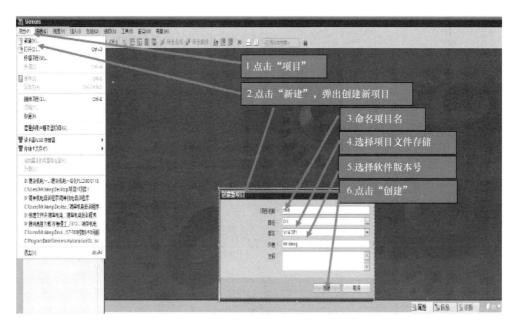

图 2-151　新建项目界面

② 添加设备　添加设备界面如图 2-152 所示。

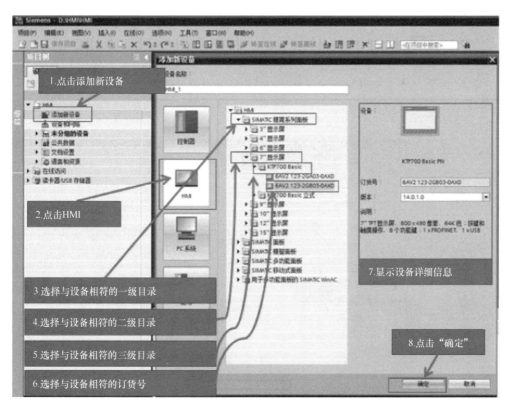

图 2-152　添加设备界面

③ 组态设备　组态设备界面如图 2-153 所示。

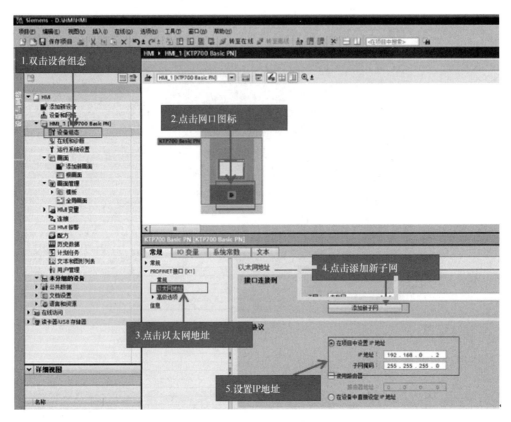

图 2-153　组态设备界面

④ 创建变量　建立与 PLC 的连接驱动界面如图 2-154 所示。建立连接变量界面如图 2-155 所示。

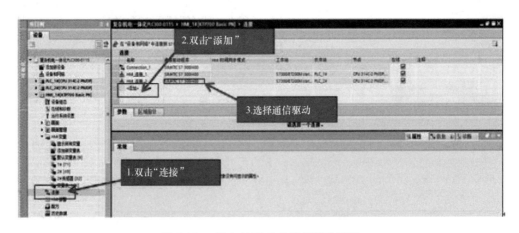

图 2-154　建立与 PLC 的连接驱动界面

⑤ 创建画面　创建画面的界面如图 2-156 所示，设置画面常规属性界面如图 2-157 所示。

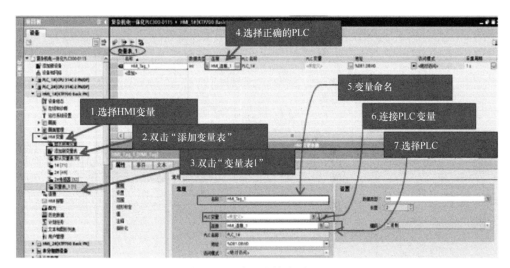

图 2-155 建立连接变量界面

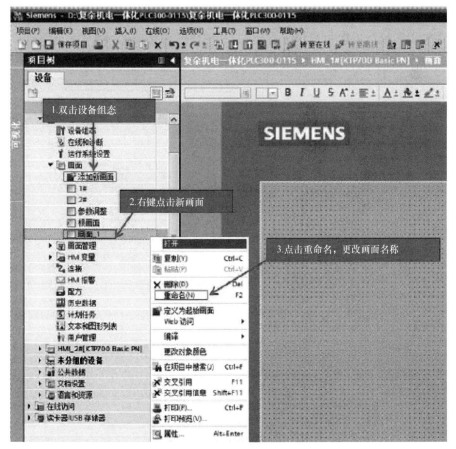

图 2-156 创建画面的界面

⑥ 组态画面图形对象

a. 文本域组态 从软件右边的工具箱窗口的"基本对象"栏中,选中"文本"图形对象,拖放到画面中指定的位置,然后输入文本内容,设置文本属性和格式,操作界面如图 2-158 所示。

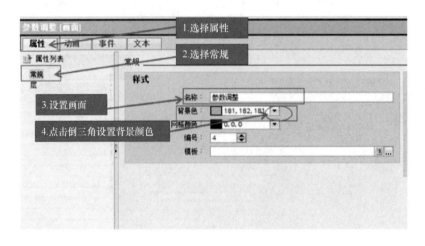

图 2-157 设置画面常规属性界面

b. 按钮组态 从软件右边的工具箱窗口的"元素"栏中,选中"按钮"图形对象,拖放到画面中指定的位置,输入按钮的文字信息,设置其的颜色、尺寸、位置等属性。最后,在巡视窗口的"事件"页面中设置与 PLC 变量的关联,设置"按下"事件的置位和"释放"事件的复位函数调用,操作界面如图 2-159 所示。

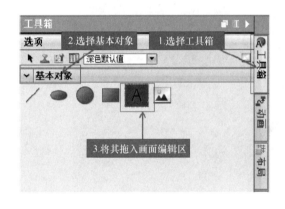

图 2-158 文本域组态界面

图 2-159 按钮组态界面

c. 指示灯组态 从右边的工具箱窗口的"基本对象"栏中,选中"圆形"图形对象,拖放到画面中指定的位置,然后设置图形对象的颜色、尺寸、位置等属性。最后,在巡视窗口的"动画"页面中选择"添加新动画"≫"外观",设置与 PLC 变量的关联,设置变量的不同值所对应的背景颜色,操作界面如图 2-160 所示。

d. I/O 域组态 从右边工具箱窗口的"元素"栏中,选中"I/O 域"图形对象,拖放到画面中指定的位置。在巡视窗口的"动画"页面中,双击选择"变量连接"≫"添加新动画",然后选择"过程值",使其与 PLC 变量关联,操作界面如图 2-161 所示。

⑦ 组态报警 西门子 HMI 中共有三种报警类别,它们分别是:离散量报警,用于电路的通断、各种故障信号的出现和消失;模拟量报警,用于温度、压力等物理量上下限值的触发报警;控制器报警,用于 PLC 的故障或错误运行报警。

图 2-160 指示灯组态界面

图 2-161 I/O 域组态界面

触摸屏组态报警的一般步骤可以概括如下。

a. 双击项目树窗口中的"HMI 报警"项目，进入报警组态界面。

b. 进入 HMI 报警项目，添加并组态离散量报警、模拟量报警等报警类别。

c. 进入历史数据项目，组态数据记录和报警日志。

d. 添加报警新画面，组态"报警视图"图形对象。

e. 在启动画面添加并组态进入报警画面的按钮，在报警画面添加并组态返回启动画面的按钮。

⑧ 组态数据记录和趋势图　建立对 PLC 变量的数据记录后，可以新建画面，在画面中组态变量的趋势视图。可以通过趋势图观察变量的变化规律。组态步骤如下。

a. 进入历史数据项目，组态变量的数据记录。

b. 创建用于显示趋势图的新画面，在新画面中组态变量的趋势视图。

c. 创建并组态画面的切换按钮。

在创建 HMI 工程项目的过程中，应该在每一个工作节点都对所编辑的项目进行保存和编译操作。实时保存的目的是防止 PC 机意外断电造成的工作成果丢失。编译的目的是检查工作过程中的操作错误，以便及时修正。

习　题

一、选择题

1. (　　) 年，美国首先研制成功第一台可编程控制器。
   A. 1969　　　　　B. 1973　　　　　C. 1979　　　　　D. 1989

2. PLC 是在 (　　) 控制系统基础上发展起来的。
   A. 继电器控制系统　　B. 单片机　　　　C. 工业电脑　　　D. 机器人

3. PLC 的运算和控制中心是 (　　)。
   A. 存储器　　　　B. I/O 系统　　　C. 微处理器　　　D. 寄存器

4. (　　) 是由 PLC 生产厂家编写的并固化到 ROM 中的。
   A. 系统程序　　　B. 用户程序　　　C. 工作程序　　　D. 用户数据

5. 可编程控制系统的核心部分是 (　　)。
   A. 控制器　　　　B. 编程器　　　　C. 信号输入部件　　D. 输出执行部件

6. 第一台 PLC 是由 (　　) 研制成功的。

A. GE 公司　　　　B. DEC 公司　　　　C. ABB 公司　　　　D. SIMENS 公司

7. PLC 的工作方式是（　　）。
A. 等待工作方式　　B. 中断工作方式　　C. 扫描工作方式　　D. 循环扫描工作方式

8. 下列不属于 PLC 硬件系统组成的是（　　）。
A. 用户程序　　　　B. 输入输出接口　　C. 中央处理单元　　D. 通信接口

9. PLC 使用（　　）存储系统保存用户程序。
A. 随机存储器 RAM　B. 只读存储器 ROM　C. 硬盘　　　　　　D. 闪存

10. PLC 中内容只能读出、不能写入的存储器是（　　）。
A. RAM　　　　　　B. ROM　　　　　　C. EPROM　　　　　D. EEPROM

11. PLC 的基本单元是由（　　）组成的。
A. CPU 和存储器　　　　　　　　　　B. CPU 和 I/O 输入
C. CPU、存储器、I/O 和电源　　　　D. 存储器、I/O 和电源

12. 梯形图的顺序执行原则是（　　）。
A. 从左到右，从上到下　　　　　　　B. 从右到左，从上到下
C. 从左到右，从下到上　　　　　　　D. 从右到左，从下到上

13. 选择 PLC 型号时，（　　）是必须考虑的基本要素。
A. 功耗低　　　　　B. 先进性　　　　　C. 体积小　　　　　D. I/O 点数

14. PLC 输出线圈的常开、常闭触点的使用数量是（　　）。
A. 50 个　　　　　　B. 100 个　　　　　C. 1000 个　　　　　D. 无数个

15. PLC 的输入模块一般使用（　　）来隔离内部电路和外部电路。
A. 光电耦合器　　　B. 继电器　　　　　C. 传感器　　　　　D. 电磁耦合

16. PLC 的系统程序不包括（　　）。
A. 管理程序　　　　　　　　　　　　　B. 供系统调用的标准程序模块
C. 用户指令解释程序　　　　　　　　　D. 开关量逻辑控制程序

17. 下列（　　）不是 PLC 的编程元件。
A. 程序指针　　　　B. 辅助继电器　　　C. 状态继电器　　　D. 定时器

18. PLC 的输出一般有三种形式，其中，既可带交流负载又可带直流负载的输出形式是（　　）。
A. 继电器输出　　　　　　　　　　　　B. 晶闸管输出
C. 晶体管输出　　　　　　　　　　　　D. 三种输出形式均可

19. 下列（　　）可作为 PLC 控制系统的输出执行部件。
A. 按钮　　　　　　B. 行程开关　　　　C. 接近开关　　　　D. 交流接触器

20. PLC 输出方式为晶体管型时，它适用于驱动（　　）负载。
A. 感性　　　　　　B. 交流　　　　　　C. 直流　　　　　　D. 交直流

21. 影响 PLC 扫描周期长短的因素大致是（　　）。
A. 输入接口响应的速度　　　　　　　　B. 用户程序长短和 CPU 执行指令的速度
C. 输出接口响应的速度　　　　　　　　D. I/O 的点数

22. 对于压力传感器传来的电信号必须通过（　　）模块和 PLC 相连。
A. 模拟量输入　　　B. 模拟量输出　　　C. 开关量输入　　　D. 开关量输出

23. PLC 输入端所接传感器的作用是（　　）。

A. 传递能量　　　　　　　　　　　　B. 传递信号
C. 传递信号和能量　　　　　　　　　D. 将各种信号转换成电信号

24. 西门子公司提供的 PC/PPI 电缆带有（　　）电平转换器。
A. RS-486/RS-485　　　　　　　　　B. RS-232/RS-485
C. RS-232/RS-486　　　　　　　　　D. RS-486/RS-232

25. 通常意义上的传感器包含了敏感元件和（　　）两个组成部分。
A. 放大电路　　　　　　　　　　　　B. 数据采集电路
C. 转换元件　　　　　　　　　　　　D. 滤波元件

26. 传感器主要完成两个方面的功能：检测和（　　）。
A. 测量　　　　B. 感知　　　　C. 信号调节　　　　D. 转换

27. 以下传感器中属于按传感器的工作原理命名的是（　　）。
A. 应变式传感器　　　　　　　　　　B. 速度传感器
C. 化学型传感器　　　　　　　　　　D. 能量控制型传感器

28. 衡量传感器静态特性的指标不包括（　　）。
A. 线性度　　　　B. 灵敏度　　　　C. 频域响应　　　　D. 重复性

29. 下列指标属于衡量传感器动态特性的评价指标是（　　）。
A. 时域响应　　　　B. 线性度　　　　C. 零点漂移　　　　D. 灵敏度

30. 传感器按其工作原理，可以分为物理型、化学型和（　　）三大类。
A. 生物型　　　　B. 电子型　　　　C. 材料型　　　　D. 薄膜型

31. 光栅传感器的光栅是在一块长条形的光学玻璃上密集等间距平行的刻线，刻线数为 100 线/mm，此光栅传感器测量的分辨率是（　　）mm。
A. 1　　　　B. 0.1　　　　C. 0.01　　　　D. 0.001

32. 直流测速发电机输出的是与转速（　　）。
A. 成正比的交流电压　　　　　　　　B. 成反比的交流电压
C. 成正比的直流电压　　　　　　　　D. 成反比的直流电压

33. 随着人们对各项产品技术含量要求的不断提高，传感器也朝着智能化方向发展，其中，典型的传感器智能化结构模式是（　　）。
A. 传感器+通信技术　　　　　　　　B. 传感器+微处理器
C. 传感器+多媒体技术　　　　　　　D. 传感器+计算机

34. 近年来，仿生传感器的研究越来越多，其主要就是模仿人的（　　）。
A. 视觉器官　　　　B. 听觉器官　　　　C. 嗅觉器官　　　　D. 感觉器官

35. 感应同步器可用于检测（　　）。
A. 位置　　　　B. 加速度　　　　C. 速度　　　　D. 位移

36. 在开环控制系统中，常用（　　）作驱动元件。
A. 直流伺服电动机　　　　　　　　　B. 步进电动机
C. 同步交流伺服电动机　　　　　　　D. 异步交流伺服电动机

37. 受控变量是机械运动的反馈控制系统称为（　　）。
A. 顺序控制系统　　B. 伺服系统　　C. 数控机床　　D. 工业机器人

38. 在开环控制系统中，常用（　　）作驱动元件。
A. 直流伺服电动机　　　　　　　　　B. 步进电动机

C. 同步交流伺服电动机　　　　　　　　D. 异步交流伺服电动机

39. 步进电机转角的精确控制是通过控制输入脉冲的（　　）来实现的。
   A. 频率　　　　B. 数量　　　　C. 步距角　　　　D. 通电顺序

40. 对同一种步进电机，三相单三拍的步距角是三相六拍的（　　）倍。
   A. 0.5　　　　B. 1　　　　C. 2　　　　D. 3

41. 在自动控制系统中，伺服电机通常用于控制系统的（　　）。
   A. 开环控制　　B. 全闭环控制　　C. 半闭环控制　　D. B和C均可

42. 采用脉宽调制（PWM）进行直流电动机调速驱动时，可通过改变（　　）来改变电枢回路的平均电压，从而实现直流电动机的平滑调速。
   A. 脉冲的宽度　　B. 脉冲的频率　　C. 脉冲的正负　　D. 其他参数

43. PC机的标准串口为（　　）。
   A. RS485　　　B. RS422　　　C. RS232　　　D. RS486

44. 以下不是储气罐的作用是（　　）。
   A. 减少气源输出气流脉动　　　　　B. 进一步分离压缩空气中的水分和油分
   C. 冷却压缩空气　　　　　　　　　D. 储存压缩空气

45. 利用压缩空气使膜片变形，从而推动活塞杆作直线运动的气缸是（　　）。
   A. 气-液阻尼缸　　B. 冲击气缸　　C. 薄膜式气缸　　D. 以上都可以

46. 气源装置的核心元件是（　　）。
   A. 气马达　　　B. 空气压缩机　　C. 油水分离器

47. 油水分离器安装在（　　）后的管道上。
   A. 后冷却器　　B. 干燥器　　　　C. 储气罐

48. 在要求双向行程时间相同的场合，应采用（　　）气缸。
   A. 多位气缸　　B. 膜片式气缸　　C. 伸缩套筒气缸　　D. 双出杆活塞缸

49. 压缩空气站是气压系统的（　　）。
   A. 辅助装置　　B. 执行装置　　　C. 控制装置　　　　D. 动力源装置

50. 在机电一体化系统中，机械传动要满足伺服控制的基本要求是（　　）。
   A. 精度、稳定性、快速响应性　　　B. 精度、稳定性、低噪声
   C. 精度、高可靠性、小型轻量化　　D. 精度、高可靠性、低冲击振动

51. 机械系统的刚度对系统动态特性的主要影响表现在（　　）等方面。
   A. 固有频率、响应速度、惯量　　　B. 固有频率、失动量、稳定性
   C. 摩擦特性、响应速度、稳定性　　D. 摩擦特性、失动量、惯量

52. 齿轮传动的总等效惯量随传动级数（　　）。
   A. 增加而减小　　B. 增加而增加　　C. 减小而减小　　D. 变化而不变

53. 滚珠丝杠螺母副结构类型有两类：外循环插管式和（　　）。
   A. 内循环插管式　　　　　　　　　B. 外循环反向器式
   C. 内、外双循环　　　　　　　　　D. 内循环反向器式

54. 闭环控制的驱动装置中，丝杠螺母机构位于闭环之外，所以它的（　　）。
   A. 回程误差不影响输出精度，但传动误差影响输出精度
   B. 传动误差不影响输出精度，但回程误差影响输出精度
   C. 回程误差和传动误差都不会影响输出精度

D. 回程误差和传动误差都会影响输出精度

55. 半闭环控制的驱动装置中，丝杠螺母机构位于闭环之外，所以它的（　　）。
A. 回程误差不影响输出精度，但传动误差影响输出精度
B. 传动误差不影响输出精度，但回程误差影响输出精度
C. 回程误差和传动误差都不会影响输出精度
D. 回程误差和传动误差都会影响输出精度

二、判断题

1. PLC配有用户存储器和系统存储器两种，前者存放固定程序，后者用来存放编制的控制程序。（　　）
2. 当I/O点数不够时，可通过PLC的I/O扩展接口对系统进行任意扩展。（　　）
3. PLC的工作方式是等待扫描的工作方式。（　　）
4. 在PLC梯形图中，输出继电器线圈可以并联，但不可以串联。（　　）
5. 可编程序控制器（PLC）是专为在工业环境下应用而设计的一种工业控制计算机，具有抗干扰能力强、可靠性极高、体积小等显著优点，是实现机电一体化的理想控制装置。（　　）
6. PLC控制器是专门为工业控制而设计的，具有很强的抗干扰能力，能在很恶劣的环境下长期连续地可靠工作。（　　）
7. PLC具有完善的自诊断功能，能及时诊断出PLC系统的软件、硬件故障，并能保护故障现场，保证了PLC控制系统的工作安全性。（　　）
8. PLC使用方便，它的输出端可以直接控制电动机的启动，因此在工矿企业中大量使用。（　　）
9. PLC输出端负载的电源，可以是交流电也可是直流电，但需用户自己提供。（　　）
10. PLC梯形图的绘制方法，是按照自左而右、自上而下的原则绘制的。（　　）
11. 在同一程序中，PLC的触点和线圈都可以无限次反复使用。（　　）
12. 驱动元件的选择及动力计算是机电一体化产品开发过程理论分析阶段的工作之一。（　　）
13. 驱动部分在控制信息作用下提供动力，伺服驱动包括电动、气动、液压等各种类型的驱动装置。（　　）
14. 变流器中开关器件的开关特性决定了控制电路的功率、响应速度、频带宽度、可靠性等指标。（　　）
15. 伺服控制系统的比较环节是将输入的指令信号与系统的反馈信号进行比较，以获得输出与输入间的偏差信号。（　　）
16. 驱动电路中采用脉冲调制（PWM）放大器的优点是功率管工作在开关状态、管耗小。（　　）
17. 直流伺服电机的驱动电路中，脉宽调制放大器由于管耗大，因而多用于小功率系统。（　　）
18. 在工控机系统的总线中，控制总线的功能是确定总线上信息流的时序。（　　）
19. 气压式伺服驱动系统常用在定位精度较高的场合。（　　）
20. 气压伺服系统的过载能力强，在大功率驱动和高精度定位时性能好，适合于重载的高加减速驱动。（　　）

21. 传感器的静态特性是特指输入量为常量时，传感器的输出与输入之间的关系。（　）
22. 传感器的转换元件是指传感器中能直接感受或响应被测量的部分。（　）
23. 感应同步器是一种应用电磁感应原理制造的高精度检测元件，有直线式和圆盘式两种，分别用作检测直线位移和转角。（　）
24. 数字式位移传感器有光栅、磁栅、感应同步器等，它们的共同特点是利用自身的物理特征，制成直线和圆形结构的位移传感器，输出信号都是脉冲信号，每一个脉冲代表输入的位移当量，通过计数脉冲就可以计算位移。（　）
25. 迟滞是传感器静态特性指标之一，反映传感器输入量在正反行程中输出输入特性曲线的不重合度。（　）
26. 闭环伺服系统中工作台的位置信号仅能通过电机上的传感器或是安装在丝杆轴端的编码器检测得到。（　）
27. 绝对式光电编码器能用于角位移测量，也能用于角速度测量。（　）
28. 脉冲分配器的作用是使步进电动机绕组的通电顺序按一定规律变化。（　）
29. 气源管道的管径大小是由压缩空气的最大流量和允许的最大压力损失决定的。（　）
30. 大多数情况下，气动三大件组合使用，其安装次序依次为空气过滤器、后冷却器和油雾器。（　）
31. 空气过滤器又名分水滤气器、空气滤清器，它的作用是滤除压缩空气中的水分、油滴及杂质，以达到气动系统所要求的净化程度，它属于二次过滤器。（　）
32. 直线运动导轨是用来支承和引导运动部件按给定的方向作往复直线运动。（　）
33. 传动轴在单向回转时，回程误差对传动精度没有影响。（　）
34. 在滚珠丝杠螺母间隙的调整结构中，齿差式调隙机构的精度较高，且结构简单，制作成本低。（　）
35. 采用双螺母螺纹调隙可消除滚珠丝杠副的轴向间隙，其结构形式结构紧凑，工作可靠，调整方便，能够进行精确调整。（　）
36. 齿轮传动的啮合间隙会造成一定的传动死区，若在闭环系统中，传动死区会使系统产生低频振荡。（　）
37. 系统的静摩擦阻尼越大，会使系统的回程误差增大，定位精度降低。（　）
38. 为减少机械传动部件的扭矩反馈对电机动态性能的影响，机械传动系统的固有频率应接近控制系统的工作频率，以免系统产生振荡而失去稳定性。（　）

三、简答题

1. PLC 的基本组成有哪几部分？各部分主要作用是什么？
2. 简述 PLC 的工作方式，并指出它与继电器控制系统的异同。
3. PLC 有哪些编程语言？最常用的是什么编程语言？
4. PLC 交流开关量输入模块和直流开关量输入模块分别适用什么场合？
5. PLC 应用控制系统的硬件和软件的设计原则和内容是什么？
6. 简述步进电动机工作原理及其驱动电路的组成。
7. 简述直流伺服电动机的工作原理及其驱动电路的组成。
8. 交流伺服电机有哪些类型？简述交流伺服驱动的主要特点。
9. 什么叫传感器？传感器的功用是什么？它是由哪几部分组成的？各部分的作用及相互关系如何？

10. 简述光电编码器式传感器的工作原理和主要特点。
11. 选择传感器应主要考虑哪几方面的因素？
12. 什么是光电式传感器？光电式传感器的基本工作原理是什么？
13. 什么是热电效应和热电动势？什么叫接触电动势？什么叫温差电动势？
14. 试分析比较测速发电机和光电编码器进行转速测量的特点。
15. 一个典型的气动系统由哪几个部分组成？
16. 气动系统对压缩空气有哪些质量要求？气源装置一般由哪几部分组成？
17. 空气压缩机有哪些类型？如何选用？
18. 什么是气动三联件？气动三联件的连接次序如何？
19. 简述控制系统接地的目的。
20. 简述实时报表、历史报表的定义和区别。
21. 简述使用组态软件制作一个新工程的具体步骤。
22. 机电一体化产品对机械传动系统有哪些要求？
23. 机电一体化系统对机械支撑部件的要求是什么？
24. 滚珠丝杠副的轴向间隙对系统有何影响？如何处理？

参 考 文 献

[1] 刘宏新. 机电一体化技术 [M]. 北京：机械工业出版社，2015.
[2] 梁倍源. 机电一体化设备组装与调试 [M]. 北京：机械工业出版社，2016.
[3] 王德伦，马雅丽. 机械设计 [M]. 北京：机械工业出版社，2015.
[4] 邱士安. 机电一体化技术 [M]. 西安：西安电子科技大学出版，2018.
[5] 成大先. 机械设计手册 [M]. 6 版. 北京：化学工业出版社，2017.
[6] 孙卫青，李建勇. 机电一体化技术 [M]. 2 版. 北京：科学出版社，2018.
[7] 封士彩. 机电一体化导论 [M]. 西安：西安电子科技大学出版，2017.
[8] 芮延年. 机电一体化系统设计 [M]. 苏州：苏州大学出版社，2017.
[9] 赵再军，汤建鑫，吴晓苏. 机电一体化概论 [M]. 杭州：浙江大学出版社，2019.
[10] 丁金华，王学俊，魏鸿磊. 机电一体化系统设计 [M]. 北京：清华大学出版社，2019.
[11] 秦大同，谢里阳. 现代机械设计手册 [M]. 2 版. 北京：化学工业出版社，2019.
[12] 廖常初. PLC 编程及应用 [M]. 4 版. 北京：机械工业出版社，2014.
[13] 韩相争. PLC 与触摸屏、变频器、组态软件应用一本通 [M]. 北京：化学工业出版社，2018.
[14] 陈亚林. PLC、变频器和触摸屏实践教程 [M]. 2 版. 南京：南京大学出版社，2014.
[15] 朱蓉. PLC、变频器、触摸屏及组态控制技术应用 [M]. 北京：电子工业出版社，2016.
[16] 何利英. 机电 PLC 综合控制 [M]. 北京：北京理工大学出版社，2017.
[17] 薛迎成. PLC 与触摸屏控制技术 [M]. 2 版. 北京：中国电力出版社，2014.
[18] SMC（中国）有限公司. 现代实用气动技术 [M]. 3 版. 北京：机械工业出版社，2018.
[19] 朱梅，朱光力. 液压与气动技术 [M]. 4 版. 西安：西安电子科技大学出版社，2018.
[20] 董军辉. 液压与气动技术 [M]. 西安：西安电子科技大学出版社，2017.
[21] 徐宏伟. 常用传感器技术及应用 [M]. 北京：电子工业出版社，2017.
[22] 郭天太. 传感器技术 [M]. 北京：机械工业出版社，2019.
[23] 樊尚春. 传感器技术及应用 [M]. 3 版. 北京：北京航空航天大学出版社，2016.